多铁性材料新体系
——ABO₃型锰铁基稀土复合氧化物

周志强 著

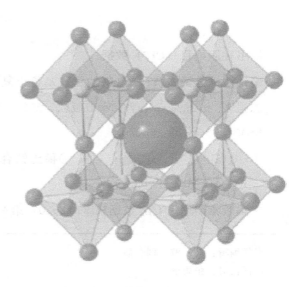

化学工业出版社

·北京·

内容简介

当前，多铁性材料蓬勃兴起，磁阻材料快速发展。《多铁性材料新体系——ABO_3型锰铁基稀土复合氧化物》选取与之相关的典型材料体系作为研究对象进行论述，主要内容包括多铁性材料和ABO_3型锰铁基稀土复合氧化物的概述与研究进展，各体系单相晶体的水热合成，产物化学组成、元素价态、晶体结构、微观形貌与磁电性质的表征与研究，相关的机理分析等。本书所述内容体现一定的创新意义和技术突破，对低温条件下晶体材料（特别是亚稳相）的合成、新型多铁性材料和磁阻材料的研究与开发等领域具有一定参考和借鉴意义。

本书可作为磁电功能材料研究领域的参考读物，亦可作为功能材料、材料物理、材料化学、凝聚态物理、分子工程等专业本科生和研究生的专业选读教材使用。

图书在版编目（CIP）数据

多铁性材料新体系：ABO_3型锰铁基稀土复合氧化物/周志强著.—北京：化学工业出版社，2020.12

ISBN 978-7-122-38302-0

Ⅰ.①多… Ⅱ.①周… Ⅲ.①稀土铁合金-铁电材料 Ⅳ.①TM22

中国版本图书馆CIP数据核字（2020）第255930号

责任编辑：马　波　闫　敏　　　　　　　　　　装帧设计：张　辉
责任校对：张雨彤

出版发行：化学工业出版社（北京市东城区青年湖南街13号　邮政编码100011）
印　　装：涿州市般润文化传播有限公司
710mm×1000mm　1/16　印张9　字数150千字　2020年12月北京第1版第1次印刷

购书咨询：010-64518888　　　　　　　　　售后服务：010-64518899
网　　址：http://www.cip.com.cn

凡购买本书，如有缺损质量问题，本社销售中心负责调换。

定　　价：68.00元　　　　　　　　　　　　　　　版权所有　违者必究

前言

ABO_3 型复合氧化物对 A 位和 B 位离子半径与价态的变化具有相当大的容忍性，有利于材料掺杂改性与新体系的设计合成。其中，ABO_3 型锰铁基稀土复合氧化物因其丰富的磁、电等物理性质和优异的物理效应，如巨磁阻效应和多铁性等，而成为当前功能材料和凝聚态物理领域的研究热点之一。目前，人们就此开展的研究主要建立在高温合成的基础上，但许多已显示或具有潜在优异物理效应的 ABO_3 型锰铁基稀土复合氧化物属亚稳相，高温合成方法难以制备高质量的单相晶体产物，影响了研究进展。水热合成技术为制备亚稳相晶体材料开辟了一条新的途径。本书中选择具有多铁性或磁阻效应的四个 ABO_3 型锰铁基稀土复合氧化物体系作为研究对象，采用水热技术合成了各体系的单相晶体产物，特别是一些亚稳相；对合成条件与产物的晶体结构、化学组成、元素价态、微观形貌、磁电性质等进行了表征与研究。具体包括 4 个方面：①设计合成具有 E 型反铁磁对称交换收缩引起铁电性的 A 位小半径正交锰氧化物 $YMnO_3$，以及电荷有序致铁电性的 A 位 Ca 掺杂 $YMnO_3$ 衍生物，对产物性能进行系统表征与研究；②设计合成由 R 层和 Fe 层通过交换伸缩相互作用导致的多铁性新体系材料——稀土正铁氧体 $RFeO_3$，对产物性能进行系统表征与研究；③依据 Dzyaloshinskii-Moriya（DM）相互作用导致的非共线自旋结构及其反作用导致的铁电极化，设计合成螺旋磁序诱导多铁性的正交锰氧化物 $RMnO_3$（R 为 Tb、Dy、Ho）及其 Fe 掺杂衍生物，对产物性能进行系统表征与研究；④设计合成由几何阻挫机制产生铁电性的六方稀土锰氧化物 $RMnO_3$（R 为 Er、Tm、Yb、Lu）及其 Fe 掺杂衍生物，对产物性能进行系统表征与研究。

本书中采用水热技术成功合成上述体系，在材料合成上实现了一定的突破，在材料性能上获得了一定的新发现，解决了某些亚稳（相）晶体合成困难这一难题，填补了某些亚稳晶体产物的空白；发挥了水热技术在合成晶体材料特别是合成亚稳晶体上的优势，研究了水热条件对晶体成核与生长的影响，提出了水热条件下的晶体成核与生长机制，发展了晶体材料合成方法与理论；对比研究了水热合成材料与传统高温法合成材料在性能上的差异，丰富了该类晶体材料的物理性质知识；试图从 ABO_3 型锰铁基稀土复合氧化物中寻找具有非常规铁电产生机制的多铁性材料新体系，其中涉及电荷有序致铁电性、磁有序致铁电性、几何铁电性等。本书所述内容体现一定的创新意义和技术突破，可作磁电功能材料研究领域的参考读物，亦可作为功能材料、材料物理、材料化学、凝聚态物理、分子工程等专业本科学生和研究生选读教材使用。

本书由东北林业大学周志强著，由东北林业大学郭丽担任主审。本书由中央高校基本科研业务费专项资金项目（科学前沿与交叉学科创新基金项目 2572015CB28）和哈尔滨市科技创新人才研究专项资金项目（青年后备人才计划类 2017RAQXJ136）资助。

由于水平有限，书中难免存在疏漏，敬请读者批评指正。

作者

目录

第1章 绪论

1.1 引言 ·· 1
1.2 多铁性材料 ·· 2
   1.2.1 多铁性材料领域的基本研究内容 ····················· 3
   1.2.2 单相多铁性材料的分类 ································· 4
   1.2.3 多铁性材料的发展方向和应用前景 ··················· 5
1.3 ABO_3 型稀土复合氧化物 ······································ 6
   1.3.1 ABO_3 型稀土复合氧化物的晶体结构 ················ 6
   1.3.2 ABO_3 型稀土复合氧化物的磁性 ···················· 11
   1.3.3 ABO_3 型稀土复合氧化物的铁电性 ················· 17
   1.3.4 ABO_3 型稀土复合氧化物的多铁性 ················· 18
   1.3.5 ABO_3 型稀土复合氧化物的电输运性 ·············· 19
   1.3.6 ABO_3 型稀土复合氧化物的巨磁阻效应 ··········· 19
   1.3.7 ABO_3 型稀土复合氧化物的电荷有序性 ··········· 20
   1.3.8 ABO_3 型稀土复合氧化物的制备方法 ············· 22
1.4 ABO_3 型锰铁基稀土复合氧化物的研究现状 ············ 22
   1.4.1 稀土锰氧化物 $RMnO_3$ 的研究现状 ················ 23
   1.4.2 稀土正铁氧体 $RFeO_3$ 的研究现状 ················· 28
1.5 本书研究的内容 ··· 30

第2章 正交 $Y_{1-x}Ca_xMnO_3$ 的水热合成与磁电性质

2.1 引言 ··· 33

2.2 样品的制备 ··· 35
  2.2.1 原料与试剂 ··· 35
  2.2.2 正交 $Y_{1-x}Ca_xMnO_3$ 的水热合成 ··· 35
  2.2.3 样品的测试与分析 ··· 36
2.3 正交 $Y_{1-x}Ca_xMnO_3$ 的成分、结构及形貌 ··· 37
  2.3.1 正交 $Y_{1-x}Ca_xMnO_3$ 的元素成分 ··· 37
  2.3.2 正交 $Y_{1-x}Ca_xMnO_3$ 的物相结构 ··· 40
  2.3.3 正交 $Y_{1-x}Ca_xMnO_3$ 的微观形貌 ··· 44
2.4 正交 $Y_{1-x}Ca_xMnO_3$ 的磁性 ··· 45
2.5 正交 $Y_{1-x}Ca_xMnO_3$ 的输运性质 ··· 48
2.6 本章小结 ··· 51

第3章 稀土正铁氧体 $RFeO_3$ 的水热合成与磁相变

3.1 引言 ··· 53
3.2 样品的制备 ··· 55
  3.2.1 原料与试剂 ··· 55
  3.2.2 稀土正铁氧体 $RFeO_3$ 的水热合成 ··· 56
  3.2.3 样品的测试与分析 ··· 56
3.3 稀土正铁氧体 $RFeO_3$ 的晶体结构与微观形貌 ··· 57
  3.3.1 稀土正铁氧体 $RFeO_3$ 的晶体结构 ··· 57
  3.3.2 稀土正铁氧体 $RFeO_3$ 的微观形貌 ··· 61
3.4 稀土正铁氧体 $RFeO_3$ 的水热合成机制 ··· 64
  3.4.1 水热合成工艺参数对晶体生成的影响 ··· 64
  3.4.2 水热合成机制对晶体微观形貌的解释 ··· 68
3.5 稀土正铁氧体 $RFeO_3$ 的磁相变 ··· 68
  3.5.1 Fe 的反铁磁转变 ··· 68
  3.5.2 自旋重取向转变 ··· 70
  3.5.3 磁化强度反转 ··· 75
  3.5.4 R 的反铁磁转变 ··· 76
3.6 稀土正铁氧体 $RFeO_3$ 的热稳定性 ··· 79
3.7 本章小结 ··· 81

第4章　正交 $RMn_{0.5}Fe_{0.5}O_3$ 的水热合成与自旋重取向

4.1　引言 …………………………………………………………………… 83

4.2　样品的制备 ……………………………………………………………… 84

4.2.1　原料与试剂 …………………………………………………………… 84

4.2.2　正交 $RMn_{0.5}Fe_{0.5}O_3$ 的水热合成 …………………………………… 85

4.2.3　样品的测试与分析 …………………………………………………… 85

4.3　正交 $RMn_{0.5}Fe_{0.5}O_3$ 的结构、成分、价态与形貌 ………………………… 86

4.3.1　正交 $RMn_{0.5}Fe_{0.5}O_3$ 的晶体结构 …………………………………… 86

4.3.2　正交 $RMn_{0.5}Fe_{0.5}O_3$ 的元素成分 …………………………………… 87

4.3.3　正交 $RMn_{0.5}Fe_{0.5}O_3$ 的元素价态 …………………………………… 87

4.3.4　正交 $RMn_{0.5}Fe_{0.5}O_3$ 的微观形貌 …………………………………… 89

4.4　正交 $RMn_{0.5}Fe_{0.5}O_3$ 的磁性 ………………………………………… 90

4.4.1　正交 $RMn_{0.5}Fe_{0.5}O_3$ 的变温磁化曲线 ……………………………… 90

4.4.2　正交 $RMn_{0.5}Fe_{0.5}O_3$ 的自旋重取向 ………………………………… 93

4.4.3　正交 $RMn_{0.5}Fe_{0.5}O_3$ 的磁滞回线 ………………………………… 96

4.5　本章小结 ………………………………………………………………… 98

第5章　Fe 掺杂六方 $RMnO_3$ 的水热合成与反铁磁转变温度

5.1　引言 …………………………………………………………………… 99

5.2　样品的制备 ……………………………………………………………… 100

5.2.1　原料与试剂 …………………………………………………………… 100

5.2.2　Fe 掺杂六方 $RMnO_3$ 的水热合成 ……………………………………… 101

5.2.3　样品的测试与分析 …………………………………………………… 101

5.3　Fe 掺杂六方 $RMnO_3$ 的结构、成分及形貌 …………………………… 102

5.3.1　Fe 掺杂六方 $RMnO_3$ 的晶体结构 …………………………………… 102

5.3.2　Fe 掺杂六方 $RMnO_3$ 的元素成分 …………………………………… 106

5.3.3　Fe 掺杂六方 $RMnO_3$ 的微观形貌 …………………………………… 108

5.4　Fe 掺杂六方 $RMnO_3$ 的反铁磁转变温度 ……………………………… 110

5.5　本章小结 ………………………………………………………………… 115

参考文献

第1章 绪 论

1.1 引言

  人类社会发展在很大程度上依赖于材料科学的发展。从某种意义上说，人类文明史就是一部材料科学的发展史。历史上，人们用石器时代、青铜时代和铁器时代等来划分人类文明发展的不同阶段。近一个世纪以来，人类经历了从钢铁时代向以硅芯片为代表的电子信息时代的过渡，而今又进入了新材料时代。不论是传统工农业领域还是现代高新技术领域都需要新材料的不断问世与发展，可以说其发展需要以材料科学的发展为先导。物质世界中，材料种类繁多，性质各异。材料的多样性导致其分类方法亦没有绝对统一的标准。比如，可以按照材料的结晶状态、尺寸、化学组成、功能用途、物理性质、物理效应等进行分类。常按照材料的功能用途将其分为结构材料与功能材料。结构材料是指以力学性能为基础，用于制造受力构件的材料；功能材料是指那些具有优良的电学、磁学、光学、热学等特殊的物理、化学、生物学效应，能完成功能相互转化，主要用来制造各种功能元器件而被广泛应用于各类高技术领域的材料。

  强关联电子体系材料当属功能材料领域中的一颗耀眼的明星，近年来已成为材料科学与工程和凝聚态物理领域的研究热点。目前，人们对强关联电子体系的关注焦点侧重在巨磁（电）阻效应[1-5]和多铁性[6-17]等方面。巨磁阻材料是指电阻在外加磁场的作用下发生巨大变化的材料，磁阻效应可高达10^6 %[1-3]。巨磁阻材料一经问世便被迅速应用于磁头，极大地提高了磁记录存储器件的容量，使器件小型轻便化，创造了空前巨大的经济效益。目前，磁阻材料研究的侧重点在于增强室温低（磁）场下的磁电阻效应。多铁性材料是指同时具有磁有序和电有序的材料，应用于信息存储器件中将同时体现磁存储和电存储的优点，甚至实现四态逻辑存储，能够大大推动存储器件高密度化、小型化和多功能化，为新型信息存储技术以及磁电器件的出现带来了曙光，被称为实现终极记忆的一把钥匙。多铁性材料不但同时具有多种铁序，更重要的是其磁有序与电有序之间可相互耦合而产生新的功能[18-20]，因而具有更加丰富的物理机制和广阔的应用前景。关于上述体系，从物理机制的角度讲，人们关注的是体系中电荷、自旋、轨道和晶格之间的相互作用与关联耦合；从材料设计与合成的角度讲，人们关注的是设计、合成新的材料体系以及对原有体系材料进行改性。

巨磁阻材料和多铁性材料大多是建立在 ABO_3 型复合氧化物的基础上的[3,21-26]。ABO_3 结构对 A 位和 B 位元素的离子半径和价态具有相当大的容忍能力。通常 A 位离子为稀土金属离子，B 位离子为过渡金属离子。A 位和 B 位可进行各种化学取代与掺杂，以调变材料的物理性质。比如，对 A 位进行碱土金属或碱金属离子掺杂或对 B 位进行过渡金属离子掺杂，会使材料的晶格结构、能带结构、电子结构等发生变化，赋予其丰富的磁、电性能。可以说，ABO_3 型复合氧化物是开发强关联电子体系磁电功能材料的"万能母体"，使得人们对其显示出巨大的研究热情。

1.2 多铁性材料

铁序是指材料中某种矢量型的序参量。四种初始铁有序性分别是铁磁性（ferromagnetism），铁电性（ferroelectricity），铁弹性（ferroelasticity）和铁涡性（ferrotoroidicity）。多铁性是指材料中同时显示两种或两种以上的初始铁序[27]。广义上的多铁性允许材料显示的铁序可以是初始序参量也可以是非初始序参量，例如反铁磁性、亚铁磁性、反铁电性等。多铁性材料同时具有铁电、反铁磁等多种铁序，不同序参量间耦合作用可产生磁与电之间的交叉调控，有望实现集成铁电性与磁性的新一代多功能器件,如新型磁电传感器件、自旋电子器件、高性能信息存储器件等。研究新一代多铁性磁电材料中各种相互作用和有序规律,利用材料基因组计划发现新的量子现象和调控方法,不仅是材料和物理学科自身发展的需求,而且可能成为今后对人类社会经济发展有重大影响的基础科学问题,是孕育发展新一代信息技术和能源技术的材料基础。近年来,随着 *Nature*(《自然》)和 *Science*(《科学》)等杂志对以 $TbMnO_3$ 和 $BiFeO_3$ 为代表的几个多铁性化合物体系的报道,人们开启了对多铁性物理机制的新认识,在世界范围内掀起了多铁性材料的研究高潮[28,29]。*Science* 杂志在 2007 年底的 "Areas To Watch" 中预测,多铁性材料作为唯一的物理问题是 2008 年最值得关注的 7 大研究热点领域之一。我国在多铁性材料的研究中瞄准科学前沿,紧跟世界潮流,奋力前进。我们国内多次组织召开了关于多铁性材料的高层次科学会议,例如,2016 年 10 月在上海大学组织召开了第八届亚太多铁性物质物理研讨会;2017 年 7 月召开的中国材料大会特别将多铁性材料设置为一个分会场。

1.2.1 多铁性材料领域的基本研究内容

近年来,多铁性材料的研究方兴未艾,如火如荼,其基本研究内容可归纳为以下几个方面[30]。

① 多铁性产生机制、磁电耦合机理与单相多铁性材料的设计合成。主要目的是探究多铁性产生机制、磁电耦合机理,设计合成多铁性发生温度高、磁电耦合作用强的新材料体系,促进多铁性材料实用化。

② 多铁性异质结的设计、制备与磁电调控器件。主要目标是发展异质结磁电调控的新原理与新概念,在此基础上设计并构建高品质多铁性异质结,实现室温下电磁调控,并结合微电子技术研制新型多铁性多态存储新器件及新一代电磁耦合多功能器件。

③ 多铁性材料的关联电子新效应。多铁性材料属于典型的强关联电子体系,探索与挖掘多铁性材料中源于关联电子物理的相关新效应是多铁性研究的重要内容之一,典型的效应包括磁致电阻、电致电阻、阻变效应、光子激发响应等;亦涉及多铁性材料与半导体材料的界面问题。

④ 基于材料基因组基本理念及基因设计(化学元素选择与结构单元构建)建

立多铁性材料的高通量计算模型和方法。在高通量计算平台框架下，发展具有定量意义的跨尺度模拟计算方法及软件，有针对性地拓展第一性原理计算及多尺度计算模拟并应用于多铁性新材料及异质结设计，揭示多铁性材料的铁电、磁、磁电耦合效应的根源及其随结构、成分及外场的变化规律，对多铁性中多重铁性序参量的基态与低能激发态、电-磁相互耦合与调控、结构-性能关系提供具有定量意义的预言与指导。通过高通量计算设计与高通量材料合成及表征的有机结合，最终实现基于多铁性磁电材料的新一代磁电器件。

1.2.2 单相多铁性材料的分类

目前发现的单相多铁性材料还为数甚少，主要原因是电有序和磁有序在同一相中具有的"天生"互斥性。比如，在典型的 ABO_3 结构铁电体中，B 位过渡金属离子具有空的 d 轨道；而对于磁性材料来说，具有自旋单电子是产生磁性的必要条件。所以，基于传统理论，电有序与磁有序不能共存于同一单元中。人们通过对已发现的 ABO_3 结构单相多铁性材料多铁性的研究，提出了多种电有序和磁有序的共存机制。2009 年 Khomskii[31]根据铁电序产生机制的不同将多铁性材料分为两类。第一类多铁性材料的电有序和磁有序来源于不同单元，各自在很大程度上分别独立出现，"井水不犯河水"，两者之间的耦合作用弱。这类材料中铁电性比磁性出现的温度高，而且电极化比较强。典型的例子有：ns^2 电子构型离子（Bi^{3+} 和 Pb^{2+} 等）产生的铁电性[32-34]，如 $BiFeO_3$（$T_{FE} \approx 1100K$，$T_N = 643K$，$P \approx 90\mu C/cm^2$）；几何阻挫产生的铁电性，如六方 $YMnO_3$[35]（$T_{FE} \approx 914K$，$T_N = 76K$，$P \approx 6\mu C/cm^2$）；电荷有序产生的铁电性，如 $Pr_{0.5}Ca_{0.5}MnO_3$[36]。第二类多铁性材料的铁电性是由磁有序结构产生的，因而磁电耦合作用较第一类多铁性材料要强。如在 Ca_3CoMnO_6 中，铁电性与共线（collinear）磁结构共存。然而更多情况则是铁电性与螺旋（spiral）磁结构共存。如正交 $TbMnO_3$[37]中螺旋磁序产生的铁电性。最近还发现了一些新的铁电产生机制，如 $Gd/DyFeO_3$[38,39]中稀土离子与铁离子的相互作用导致的磁致伸缩而产生的铁电性；$LaMn_3Cr_4O_{12}$ 是迄今为止第一个被发现的具有立方钙钛矿结构的多铁性材料，其电极化由 Cr^{3+} 和 Mn^{3+} 的自旋有序所引起，属于典型的第二类多铁性材料[40]。

1.2.3 多铁性材料的发展方向和应用前景

多铁性材料有望促成集成铁电性与磁性的新一代多功能器件的诞生,如新型磁电传感器件、自旋电子器件、高性能信息存储器件等。多铁性材料的发展方向和应用前景主要体现在下述几个方面[30]。

① 多铁性磁电耦合材料的发展对于未来信息存储技术革命意义重大。利用多铁性材料多重量子序参量的竞争和共存,量子调控材料的多物理场行为是不同于传统半导体微电子学的全新方法,是后摩尔时代电子技术发展方向之一。例如,在信息存储领域,磁存储技术仍是目前大容量数据存储(如个人电脑、超级计算机)的主导技术,但磁写速度慢、能耗高是其突出的瓶颈问题。此外,20世纪90年代中期提出的基于磁存储技术的磁随机存储器(MRAM),更被认为有希望取代目前其他所有随机存储器件,成为可适应所有电子设备中信息存储需要的"通用存储器",具有巨大的商业应用潜力。然而,MRAM在其发展过程中遇到的主要瓶颈也在于数据写入过程中电流产生的大量焦耳热耗散。多铁性磁电耦合材料使用电压而非电流来调控磁化方向的特性,将焦耳热耗散量降至最低,可从根本上解决高能耗问题,实现新一代超低功耗、快速的磁信息存储及处理等,与目前基于电流驱动的磁存储技术相比,具有重大发展性意义。

② 多铁性材料概念的内涵与外延得到扩展的同时,其应用领域也不断扩大。得益于近10年来的广泛与深入研究,多铁性材料领域产生了一批丰富的研究成果,继而提出了一系列重要的科学技术问题与挑战。这些成果一方面丰富与拓宽了传统铁电材料、磁性材料等学科领域的内涵与外延,包括提出了新的概念和理论,发展了新的材料设计原理与制备方法;另一方面也显著拓展了铁电性、磁性及相关特性的应用领域。

③ 需要深入了解和掌握新一代多铁性磁电材料中各种相互作用和有序规律并从中发现新的量子现象和调控方法。这不仅是材料和物理学科自身发展的需求,并有可能成为今后20~30年对人类社会经济发展产生难以估量的影响的重大基础科学问题,更重要的是这些新现象及其调控方法中孕育着新一代信息技术和能源技术赖以发展的基础。

1.3 ABO₃ 型稀土复合氧化物

1.3.1 ABO₃ 型稀土复合氧化物的晶体结构

1.3.1.1 理想钙钛矿结构

理想钙钛矿结构属立方晶系（空间群 $PM\bar{3}M$）。在前一种表达中，立方体的八个顶角被 A 位离子占据，体心位置被 B 位离子占据，六个面心位置被氧离子占据；体心 B 位离子与六个面心氧离子构成 BO_6 正八面体。等价表达可以通过原点以 (1/2, 1/2, 1/2) 位移获得。在后一种表达中，A 位离子位于立方体体心，B 位离子位于八个顶角，氧离子位于 12 条棱的中心。两种表达方式如图 1-1 所示。在钙钛矿结构中，A 位离子的配位数为 12，B 位离子的配位数为 6，A、B 位离子电荷之和等于 6，结构稳定性依赖于 A、B 位离子半径 r_A 和 r_B 的配比。在理想的钙钛矿结构中，离子半径必须符合下列关系：$r_A + r_O = \sqrt{2}(r_B + r_O)$；其中，$r_A$、$r_B$ 和 r_O 分别是 A、B 位离子和氧离子（O^{2-}）的半径。

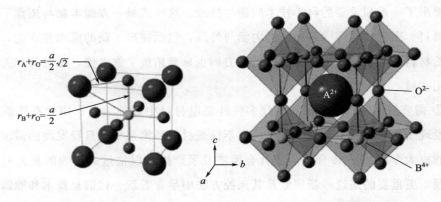

(a) A 位离子在立方体顶点　　　　(b) A 位离子在体心

图 1-1　理想钙钛矿结构

1.3.1.2 畸变钙钛矿结构

当条件不满足理想钙钛矿结构时，BO_6 八面体一般会绕二次对称轴 ⟨110⟩ 或四次对称抽 ⟨001⟩ 发生一定角度的倾斜或旋转，而使结构发生畸变。一般认为，引起理想钙钛矿结构畸变的原因有两个：一是 A、B 位离子半径失配，二是 B 位（d^4 等）离子的 Jahn-Teller 效应（姜-泰勒效应）。

(1) 离子半径失配与容忍因子 t

晶格发生畸变时，钙钛矿结构会从理想的立方晶系畸变为四方、正交、单斜等对称性更低的晶系，畸变的钙钛矿结构能容纳许多不同半径的 A、B 位离子。A 位通常被三价稀土离子占据并可被二价碱土金属离子和一价碱金属离子部分取代。B 位通常被锰、铁、钴、镍等具有 3d 电子的离子占据。我们知道，对于理想的钙钛矿结构，构晶离子平均半径之间必然存在着如下的几何关系式：$r_A + r_O = \sqrt{2}(r_B + r_O)$，但在实际材料中很难严格满足这种等式关系。理想钙钛矿结构的立方单胞需要通过畸变去适应不同的离子半径，畸变程度可以通过 Goldschmidt 容忍因子 $t = \dfrac{r_A + r_O}{\sqrt{2}(r_B + r_O)}$ 来量化[41]。容忍因子 t 处于约 0.7～1.0 之间时，畸变结构可以稳定存在[42]。

钙钛矿结构容许 A 位和 B 位平均离子半径在一定范围内的不匹配性。离子半径不匹配，致使原子在 A-O 层与 B-O 层上的排列也会不匹配。这时，虽然没有发生根本性的结构变化，但产生的弹性应力会使晶格扭曲变形，使 BO_6 八面体倾斜。晶格扭曲变形使空间利用率提高，弹性应力减小，结构对称性降低。在 $t<1$ 时，B-O 键拉伸，A-O 键收缩，导致 BO_6 八面体合作旋转和 B-O-B 键角 φ 小于 180°。

(2) Jahn-Teller 效应

在对称的非线形分子中，若一个体系的基态有多个简并能级且能级数多于电子数时，体系就会自发畸变而解除简并，即生成能量不同的能级，电子优先占据低能级，系统由于高能级没有电子占据而变得更加稳定，这就是 Jahn-Teller 效应[43]。对于具有 d 轨道的金属离子，当没有配位体存在的情况下，其 5 个 d 轨道是简并的。当有配位体存在时，5 个 d 轨道的简并性就会发生变化，比如与 6 个配位体进行八面体配位时，5 个 d 轨道便会解除简并而使其能级高低不再完全相同。ABO_3 型复合氧化物的 BO_6 八面体中，金属离子的 d_{xy}，d_{yz}，d_{xz} 轨道叶瓣对着配位体的间隙方向，d_{z^2} 和 $d_{x^2-y^2}$ 轨道叶瓣直接对着配位体方向，轨道和阴离子配位体的杂化程度不同，使得五重简并的3d轨道会发生劈裂。d_{xy}，d_{yz}，d_{xz}轨道对着配位体间隙，能量较低，更有利于电子占据，且三个轨道电子占据条件等同，形成简并轨道，称为t_{2g}轨道；d_{z^2}和$d_{x^2-y^2}$轨道直接对着配位体，能量较高，不利于电子占据，且两个轨道的电子占据条件等同，形成简并轨道，称为e_g轨道。

在八面体中，如果B位离子为Mn^{4+}（价层电子构型为$3d^3$），根据Hund规则（洪特规则），这三个电子分别占据d_{xy}，d_{yz}，d_{xz}轨道，这时MnO_6八面体是规则的。当d轨道上再多一个电子（即Mn^{4+}变为Mn^{3+}）时，因为晶体场的劈裂能（约为1eV）低于这个额外电子进入已经有电子占据的t_{2g}轨道所需要的能量，亦即电子成对能（约为2eV），这个额外的电子必须占据高能量的两个e_g轨道之一。这时通过与配位体的相互作用，简并的两个e_g轨道会进一步劈裂为两个能量不同的轨道，譬如d_{z^2}轨道的能量变得低于$d_{x^2-y^2}$轨道。为使系统的总能量最低，这一单电子优先占据能量较低的d_{z^2}轨道。同时，三重简并的t_{2g}轨道也会发生进一步劈裂，形成能量较高的d_{xy}轨道和能量较低的d_{xz}和d_{yz}轨道，如图1-2所示。这时MnO_6八面体将沿着x轴或y轴或z轴的方向拉伸或压缩而发生畸变。这种畸变

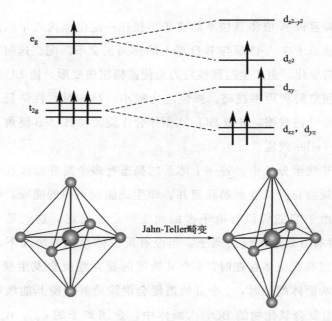

图1-2　3d轨道的进一步劈裂和Jahn-Teller畸变[44]

称为 Jahn-Teller（J-T）畸变（姜-泰勒畸变）。Jahn-Teller 畸变只表现在某些过渡金属离子的六配位八面体场中，如 Cr^{2+}、Mn^{3+}、Co^{2+}、Ni^{3+} 和 Cu^{2+} 等具有 d^4、d^7 和 d^9 电子构型的离子会显示典型的 Jahn-Teller 效应。

Jahn-Teller 畸变通常会体现为 MnO_6 八面体中 Mn-O 键长的伸长或压缩[45]。一般有如图 1-3 所示的三种模式：（a）呼吸模式，六个氧离子同时靠近或离开锰离子，晶格振动与 e_g 电子电荷密度的变化相耦合，这种畸变在能量上明显是不利的，将引起 e_g 电子电荷密度变化，使体系的能量升高；（b）平面畸变模式，即平面内两个相对的氧离子向靠近锰离子的方向运动，另外两个对面的氧离子则向远离锰离子的方向运动，而在上下顶点的两个氧离子基本保持原位置不动；（c）八面体拉伸模式，即平面上的四个氧离子同时向靠近锰离子的方向运动，而上下顶点的两个氧离子则向远离锰离子的方向运动。后两种模式将改变电子占据 e_g 轨道的优先性。

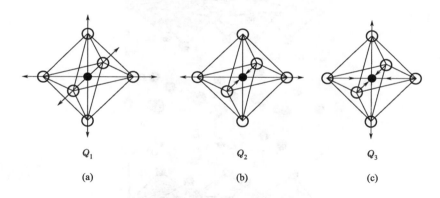

图 1-3　MnO_6 八面体 J-T 畸变模式[45]
（a）呼吸模式；（b）平面畸变模式；（c）八面体拉伸模式

处于平面畸变模式时，$d_{x^2-y^2}$ 轨道能量低于 d_{z^2}，e_g 电子优先占据 $d_{x^2-y^2}$ 轨道。而发生八面体拉伸模式的畸变时，d_{z^2} 轨道能量低于 $d_{x^2-y^2}$，e_g 电子优先占据 d_{z^2} 轨道。在 MnO_6 八面体的 J-T 畸变中，最常见的是平面畸变模式和八面体拉伸模式。

1.3.1.3　六方结构

六方结构有一个 6 次对称轴或者 6 次倒转轴，该轴是晶体的直立结晶轴 c 轴，另外三个水平结晶轴正端互成120°，轴角 $\alpha=\beta=90°$，$\gamma=120°$，轴单位 $a=b\neq c$。常见的 ABO_3 型六方结构为稀土锰酸盐 $h\text{-}RMnO_3$（R 为 Ho、Er、Tm、Yb、Lu、Sc 和 Y），空间群为 $P6_3cm$。在六方结构中，Mn 离子被五个氧离子包围，形成五配位三角双锥[46]，如图1-4所示，其中，三个氧离子（2个O4和一个O3）围绕着 Mn 离子在 $a\text{-}b$ 面内，另外两个氧离子（O1 和 O2）占据上下顶角位置。Mn 离子在 $a\text{-}b$ 面内形成六方网状结构，稀土离子（R1 和 R2）位于两个 MnO_5 层间形成三明治结构。稀土离子占据两个不同的位置 $4b$ 和 $2a$，分别与七个氧离子配位并且沿六方晶系的 c 轴呈三角对称。$4b$ 位置的稀土离子包括四个原子占位，位于六方单胞内；而 $2a$ 位置的稀土离子包括两个原子占位，位于单胞边缘与 c 轴平行。

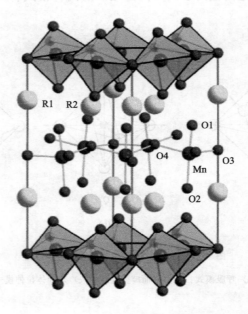

图1-4 六方 $RMnO_3$ 晶体结构示意图

在六方 $h\text{-}RMnO_3$ 中，Mn^{3+} 处于三角双锥的晶体场中，Mn^{3+} 的 3d 轨道也会劈裂，如图1-5所示，其劈裂成低能量的两个二重简并态 e_{1g} 和 e_{2g} 以及一个高能量的单重简并态 a_{1g}，Mn^{3+} 的 4 个 3d 电子占据能量较低的 e_{1g} 和 e_{2g} 轨道。也就是说，没有部分填充的简并轨道，没有进一步劈裂的能量优势，不存在 Jahn-Teller 效应。

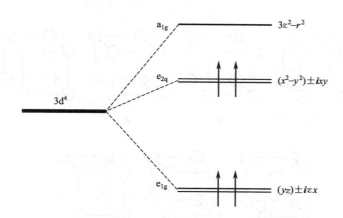

图 1-5　h-RMnO$_3$ 三角双锥晶体场中 Mn^{3+} 3d 轨道的能量劈裂

1.3.2　ABO$_3$ 型稀土复合氧化物的磁性

ABO$_3$ 型稀土复合氧化物体系中，自旋、电荷、轨道和晶格等自由度之间存在复杂的耦合作用，进而呈现出复杂的磁、电性质，显示了诸如巨磁电阻效应、多铁性、电荷有序等有趣的物理现象，已成为材料科学与工程和凝聚态物理领域的研究热点。

在 ABO$_3$ 型稀土复合氧化物中，通常 A 位离子为稀土金属离子，B 位离子为过渡金属离子。对于 B 位离子来说，当其具有未完全填满的 d 轨道时（例如，当 B 位为过渡金属离子 Cr^{3+}、Fe^{3+}、Mn^{3+} 等），常能显示出某种磁有序，即在磁畴大小的范围内，原子（或离子）磁矩是有序排列的。ABO$_3$ 型稀土复合氧化物的磁结构可能有多种[47]。图 1-6 总结了最常见的自旋排列构型。根据排列组合，定义了七种基本的磁结构（A~G），并且发现了 CE 相，即由 C 型和 E 型按 1:1 穿插而成的复合结构。

在这些构型中，A 型、G 型反铁磁性和 B 型铁磁性排列最为常见，尤其在锰氧化物中。在 A 型反铁磁自旋结构中，铁磁平面之间呈反铁磁耦合；在 G 型反铁磁结构中，磁性离子在三个空间方向上与近邻磁性离子均呈反铁磁耦合。以 LaMnO$_3$ 为例，Mn^{3+} 的磁矩在同一 Mn-O 层中具有相同的取向，而与上/下层中的 Mn^{3+} 磁矩呈反向平行，其反铁磁结构是由反铁磁耦合的铁磁层构成的，即是隐含着铁磁性

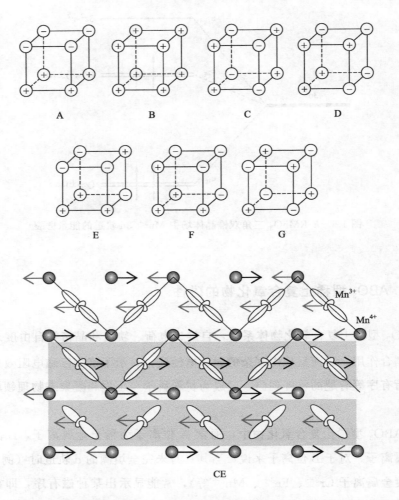

图 1-6 锰氧化物中的自旋排列构型（正负号表示不同的自旋方向）[47]

的反铁磁性体。在 $CaMnO_3$ 中，最近邻的锰离子的磁矩取向是相反的。所以，$LaMnO_3$ 和 $CaMnO_3$ 化合物分别为 A 型和 G 型反铁磁自旋结构。此外，在锰氧化物中也观察到一个更复杂的自旋结构，即所谓的 CE 型有序。CE 型有序经常出现在半掺杂的锰氧化物中。

反铁磁有序可分为公度（即自旋周期性与晶格结构相联系）和非公度（原子间的磁周期不是有理数）两种。A 型、G 型、C 型、E 型等共线反铁磁有序的磁结构为公度反铁磁有序。正弦调制自旋密度波和摆型有序为非公度反铁磁有序，如

图 1-7 所示，此自旋沿圆形或椭圆形的传播方向不断改变方向。

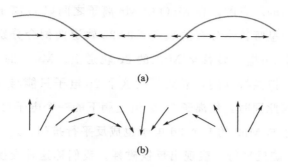

图 1-7 非公度反铁磁有序
(a) 正弦；(b) 摆型

关于物质的磁性，需要了解以下几个概念。

1.3.2.1 交换作用

铁磁性、反铁磁性、亚铁磁性以及非共线磁结构等都属于磁有序状态，是由原子磁矩之间的交换作用产生的。海森堡（Heisenberg）[48]在量子力学的基础上提出了交换作用模型，认为磁性体内存在着原子之间的交换相互作用，并且只有近邻的原子之间才能发生这种交换作用。系统内，近邻原子之间的自旋相互作用能可表达为：

$$E_{ex} = -2A \sum_{近邻} \boldsymbol{S}_i \cdot \boldsymbol{S}_j$$

式中，A 为交换积分；$\boldsymbol{S}_i$ 和 $\boldsymbol{S}_j$ 为发生交换相互作用的原子的自旋。原子处于基态时，系统最为稳定，要求 $E_{ex} < 0$。当 $A < 0$ 时，$(\boldsymbol{S}_i \cdot \boldsymbol{S}_j) < 0$，自旋反平行为基态，即反铁磁形排列系统能量最低；当 $A > 0$ 时，$(\boldsymbol{S}_i \cdot \boldsymbol{S}_j) > 0$，自旋平行为基态，即铁磁形排列系统能量最低。

在 ABO_3 结构稀土复合氧化物中，占据 B 位的磁性离子相距太远，所以不能直接相互作用，而只能通过 O^{2-} 实现交换作用，称为间接相互作用，例如超交换作用，双交换作用等。对掺杂锰酸盐体系，由于存在 Mn^{3+}/Mn^{4+} 混价，可能在低温下存在双交换作用。有些复合氧化物中存在 Dzyaloshinskii-Moriya（DM）相互作用，DM 相互作用能够产生弱铁磁性。

(1) 超交换作用

超交换作用是 Kramers[49]在 1934 年为解释 MnO 等过渡金属氧化物的反铁磁

性时提出的。图 1-8 给出了 MnO 中磁性离子 Mn1 和 Mn2 通过 O 离子的 2p 轨道进行的超交换作用的示意图。在 MnO 中 Mn 离子之间以 O 离子为媒介存在着超交换作用。这时，呈哑铃形分布的氧离子的 2p 轨道两侧会分别向近邻的 Mn 离子延伸，其中一个 2p 电子转移至 Mn1 的 3d 轨道上。Mn^{2+} 的 3d 轨道上有五个单电子平行排列，按洪特规则，氧离子的这个 2p 电子只能与 Mn1 的五个 3d 电子自旋反平行。与此同时，氧离子 2p 轨道上剩下的一个电子可以转移至 Mn2 的 3d 轨道上，该电子与 Mn2 的五个 3d 电子也成反平行排列。这一交换过程使两个近邻 Mn 离子的自旋反平行，表现出反铁磁性。我们称这种交换作用为超交换作用。超交换作用的强弱与金属-氧-金属的键角大小有关，180°时超交换作用最强，键角变小超交换作用减弱。

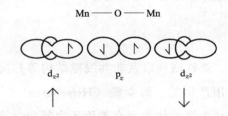

图 1-8　磁性离子 Mn1 和 Mn2 之间的超交换作用

1950 年安德森（Anderson）[50]发展了超交换作用理论，并应用到亚铁磁性上。随后，Goodenough 也发展了超交换作用理论[51]。因此，超交换作用通常通过 Goodenough-Kanamori-Anderson 定则来解释[52,53]。该定则要求考虑晶体场作用下 d 轨道上的电子占据情况。由该定则可知，当两个磁性离子具有半充满的 d 壳层时，其相互作用分两种情况：当磁性离子—配位体—磁性离子构成 180°的超交换作用时，显示很强的反铁磁相互作用；构成 90°的超交换作用时，显示铁磁相互作用并且要弱一些。表 1-1 给出了几个不同电子构型的过渡金属离子之间的超交换作用情况。

表 1-1　过渡金属离子之间的超交换作用

d 电子数	磁性离子种类	交换相互作用
180°相互作用		
d^3-d^3	Mn^{4+}-Mn^{4+},Cr^{3+}-Cr^{3+}	反铁磁性
d^8-d^8	Ni^{2+}-Ni^{2+}	反铁磁性

续表

d电子数	磁性离子种类	交换相互作用
180°相互作用		
d^5-d^5	Mn^{2+}-Mn^{2+},Fe^{3+}-Fe^{3+}	反铁磁性
d^8-d^3	Ni^{2+}-V^{2+}	铁磁性
d^5-d^3	Fe^{3+}-Cr^{3+}	铁磁性
90°相互作用		
d^8-d^8	Ni^{2+}-Ni^{2+}	铁磁性
d^8-d^3	Ni^{2+}-V^{2+}	反铁磁性

(2) 双交换作用

双交换作用是 Zener 在 1951 年为解释掺杂钙钛矿型锰氧化物中铁磁性与金属性共存时提出的[54]。双交换作用是以氧离子作为中间媒介，在未满的 d 轨道之间通过电子传递发生的交换作用，通常在两个不同价态的过渡族离子间发生。1960 年 Gennes 对其作了进一步的解释[55]。例如，在 $La_{1-x}Ca_xMnO_3$ 中锰存在两种价态离子 Mn^{3+} 和 Mn^{4+}，O^{2-} 2p 轨道上的一个电子有机会转移到邻近的 Mn^{4+}(d^3) 的 e_g 空轨道上并保持与该离子 t_{2g} 轨道上的电子自旋平行，这时原来的 Mn^{4+}(d^3) 由于得到一个电子变成了 Mn^{3+}(d^4) 离子。而 O^{2-} 的另一侧，Mn^{3+}(d^4) e_g 轨道上的电子会同时转移到 O^{2-} 的 2p 轨道上以保持氧离子的电荷平衡，这时原来的 Mn^{3+}(d^4) 由于失去一个电子变成了 Mn^{4+}(d^3)。按照洪特规则，要求 Mn^{3+}(d^4) 转移给氧离子的这个 e_g 电子的自旋与之前从氧离子上转移出去的电子的自旋相同，其结果使 Mn^{3+}-O^{2-}-Mn^{4+} 中两个锰离子具有相同的自旋，亦即 Mn^{3+} 与 Mn^{4+} 间呈铁磁性耦合，表现为铁磁性。整个过程如图 1-9 所示。比较超交换作用和双交换作用可以看出，在双交换作用中，电子在 Mn-O 键之间转移是一个实跃迁过程，这也是其金属性产生的原因；而在超交换作用中，相邻原子间只是发生了电子的虚拟跃迁，并没有发生实际的电子传导。

(3) Dzyaloshinskii-Moriya（DM）相互作用

为了解释 La_2CuO_4、α-Fe_2O_3、Cu 和 Co 的碳酸盐等反铁磁材料中的弱铁磁性，在 Landau 二级相变理论的基础上，Dzyaloshinskii[56]于 1958 年提出了一个唯象理论，认为其弱铁磁性来源于磁矩倾斜，而磁矩倾斜又源于自旋-轨道耦合与磁偶极子相互作用组合产生的各向异性相互作用，并且该弱铁磁性在很大程度上依赖

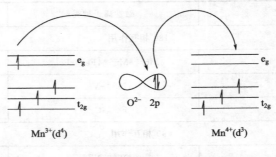

图 1-9 Mn^{3+}-O^{2-}-Mn^{4+} 双交换作用过程

于晶体的对称性。也就是说，DM 相互作用源自自旋-轨道耦合，具有反对称的各向异性交换作用，较好地解释了反铁磁材料中的弱铁磁性。

1960 年，Moriya[57] 导出了 DM 相互作用的微观机制，其工作是在 Anderson 超交换相互作用理论的基础上展开的，同时考虑了自旋-轨道耦合效应。Moriya 认为，DM 相互作用是由掺杂效应引起的晶体的内在固有特性，并通过哈密顿公式给出了这种作用的具体形式，$V_{DM} = D_{ij} \cdot [S_i \cdot S_j]$，其中 D_{ij} 代表 DM 相互作用参量，它是反对称的，即 $D_{ij} = -D_{ji}$。Moriya[57] 还指出，反对称的交换相互作用对晶格的对称性的依赖性非常大。这种耦合会在对称性很高的晶格中消失；晶格对称性的降低会使这种耦合作用增强，成为自旋间重要的各向异性耦合现象。相对于超交换作用而言，DM 相互作用通常会小一个数量级。DM 相互作用虽很小，但对系统性质的影响往往很大，经常使某些体系表现出一些新的性质。

1.3.2.2 自旋玻璃态

自旋玻璃态（Spin Glass）通常存在于自旋受挫体系中，自旋受挫致使磁矩不能同时处于能量有利的状态。在碱土金属掺杂的稀土锰氧化物中通常存在自旋玻璃的特性，因为体系存在着铁磁和反铁磁相互作用的竞争，使磁矩不能同时处于能量有利的状态。

自旋玻璃态是一种取向无序的自旋系统状态。其含义有两层：首先，自旋方向呈无序冻结的状态；其次，自旋冻结经历一个温度区间，没有一个特定的冻结温度点。从空间坐标上看，自旋玻璃态中各原子磁矩的冻结方向是无序的；从时间坐标上看，每个磁矩冻结在固定的方向失去转动自由度，不随时间而变化，如图 1-10 所示。自旋玻璃态具有如下特征。在较低频率的交流弱磁场下，其磁化率随温度变化的曲线上出现一个尖峰，一般将其定义为冻结温度 T_f[58]，磁矩在该温度以下开始冻结，T_f 不同于热力学相变温度如凝固点等。这一峰值的大小和位置对磁场强度和交流频率有很强的依赖。弱磁场和较低的频率条件下，峰值更加尖锐，峰位置随频率的增加向高温方向移动（如图 1-11 所示）[59,60]。冻结温度以下，各个磁矩失去转动自由度，被冻结在固定方向上，但磁矩的冻结方向呈现出长程无序性，即冻结方向是随机分布的。温度高于冻结温度 T_f 时，各磁矩的相互作用能不抵分子热运动能，体系转为顺磁态；在热运动下各磁矩自由转动行为符合居里-外斯定律，这一点能够在其磁化率随温度的变化曲线（χ-T 曲线）上反映出来。

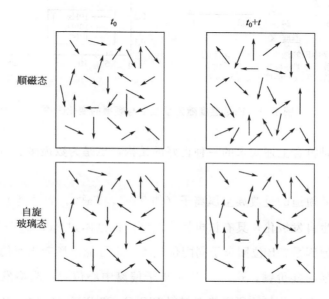

图 1-10 顺磁态和自旋玻璃态磁矩取向随时间的变化

1.3.3 ABO_3 型稀土复合氧化物的铁电性

自发极化主要是晶体中某些离子偏离了平衡位置，使单位晶胞中出现了偶极矩，然后，偏离平衡位置的离子在偶极矩相互作用的影响下稳定于新的位置上，同时晶体结构发生畸变。外加电场可以改变自发极化的方向，从而使晶体具有铁电性[61]。化合物要具有好的铁电性能，需要满足以下条件：必须具有改变原子相对位置的柔性基本结构，该结构应能灵活地改变原子相对位置；有一个轻微变形的晶体结构（某一方向），该结构中正负电荷中心不重合，即晶体沿一个方向有极化。

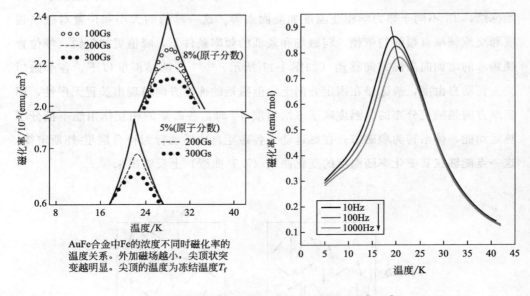

AuFe合金中Fe的浓度不同时磁化率的温度关系。外加磁场越小,尖顶状突变越明显。尖顶的温度为冻结温度T_f

图 1-11 冻结温度随磁场强度与频率的变化[59,60]

钙钛矿结构正是符合上述要求的一种良好的结构,也是为数最多、应用最广的一类铁电材料。

具有空的 d 轨道的过渡族金属离子(如 Ti^{4+},Ta^{5+},W^{6+} 等)的钙钛矿型复合氧化物能产生自发极化,具有铁电性,典型的铁电体如 $BaTiO_3$[62]。这类化合物铁电性产生的原因是:B 位阳离子同配位氧离子进行配位场杂化而偏向于某一氧离子与之形成较强的共价键,这时 B 位阳离子偏离中心位置,晶格发生畸变,从而产生自发极化。在近几年的研究热点材料 $BiFeO_3$ 和 $BiMnO_3$ 中,其铁电性产生依赖于 Bi^{3+} 的 $6s^2$ 电子构型。这一构型的孤对电子不稳定,会与氧离子的 p 轨道结合,导致 Bi^{3+} 失去空间反演对称性,偏离中心位置,从而形成铁电畸变[32]。

1.3.4 ABO_3 型稀土复合氧化物的多铁性

目前发现的单相多铁性材料还为数甚少,主要原因是电有序和磁有序在同一相中具有"天生"互斥性。比如在典型的 ABO_3 结构铁电体中,B 位过渡金属离子都具有空的 d 轨道,而对于磁性材料来说,具有自旋单电子是产生磁性的必要条件。所以,电有序与磁有序在理论上不能共存于同一单元中。研究者经过对这一类型氧化物多铁性质的探索，提出了很多电有序与磁有序共存的机制。虽然多铁性产生机制不同，但目前来看，多铁性材料基本都是建立在 ABO_3 型复合氧化物结构上的，主要是具有 ABO_3 型钙钛矿结构的锰和铁基复合氧化物（如 $BiFeO_3$[25]，$TbMnO_3$[63] 等）和六方结构化合物（如 h-$YMnO_3$[35] 等）。因此，对 ABO_3 型复合氧化物基本性质的研究具有重要意义。

1.3.5 ABO_3 型稀土复合氧化物的电输运性

电子既是电荷的负载体又是自旋的负载体，那么物质的电输运与磁性之间必然存在着一定的关联作用。强关联电子体系中的电输运与磁性是相互关联的，尤其是在过渡金属氧化物体系中电输运与磁性的相互关联更加明显。以掺杂锰氧化物 $R_{1-x}A_xMnO_3$ 电输运性质为例，其高温顺磁区电输运一般表现为半导体输运的特征；外界因素，如晶界和磁畴边界效应等对低温铁磁金属态的输运性质具有极为显著的影响；低场/低温磁电阻效应在具有较多晶界的多晶样品中被发现。研究电输运性质对研究强关联电子体系的磁、电物理性质具有重要意义。

科研工作者们通过对大量的实验数据进行拟合，总结出若干电阻与温度的拟合函数。其中，学术界广泛采用的有如下几种[64,65]：①热激活导电模型，体系的电阻率取自然对数后与温度的倒数成一定的线性关系，即 $\ln\rho$ 与 $1/T$ 之间存在线性关系；②Mott 变程跳跃导电模型，体系的电阻率取自然对数后与温度的倒数的 1/4 次方呈线性关系，即 $\ln\rho$ 与 $(1/T)^{1/4}$ 之间存在线性关系；③小极化子绝热近邻跳跃导电模型，体系的电阻率除以温度再取自然对数后与温度的倒数呈线性关系，即 $\ln(\rho/T)$ 与 $1/T$ 之间存在线性关系。每一种导电模型都是在其结构相关因素的作用下形成的。处于顺磁态的 Mn 离子 3d 电子的费米能级间存在赝能隙是促成热激活导电模型的原因。材料中由磁不均匀性决定的载流子的输运促成了 Mott 变程跳跃导电模型。周围的晶格畸变，即 Jahn-Teller 极子随电子的跃迁一起运动促成了小极化子绝热近邻跳跃导电模型。

1.3.6 ABO_3 型稀土复合氧化物的巨磁阻效应

外磁场可以使许多金属的电阻发生变化，只不过变化率很小，一般不超过 2%～3%，这种由磁场引起电阻变化的现象称为磁电阻（Magnetoresistance, MR）效应。由磁电阻系数 $\eta=(R_H-R_0)/R_0$ 或 $(\rho_H-\rho_0)/\rho_0$，或者 $\eta=(R_0-R_H)/R_H$ 或 $(\rho_0-\rho_H)/\rho_H$ 定义的 MR 值即为表征磁电阻效应大小的物理量。式中，$R_H(\rho_H)$ 为 H 磁场下的电阻（率），$R_0(\rho_0)$ 为零磁场下的电阻（率）。

1988 年，Baibich[2]等人首次在 $(Fe/Cr)_n$ 多层膜中发现了异常大的磁电阻效应，比广为人知的坡莫合金各向异性磁电阻高出一个数量级，轰动了科学界，称其为巨磁电阻（Giant Magnetoresistance，GMR）效应。随后掀起了巨磁电阻效应和相关材料的研究热潮。在人们从金属或合金中探寻巨磁电阻效应的时候，氧化物超大磁电阻效应的发现无疑给科学界带来了更大的轰动。继 1993 年 Helmolt 等[66]之后，人们在具有类钙钛矿结构的掺杂稀土锰氧化物 $R_{1-x}A_xMnO_3$（R 为 La、Pr、Nd 等，A 为 Ca、Sr、Ba 等）材料中观察到比 $(Fe/Cr)_n$ 多层膜更大的磁电阻，称为超大磁电阻或庞磁电阻（Colossal Magnetoresistance，CMR）效应[67,68]，也统称作巨磁阻效应。

钙钛矿结构的稀土锰氧化物 $R_{1-x}A_xMnO_3$（R 为稀土离子，A 为二价金属离子）具有非常丰富的磁、电性质，是一大类磁电功能材料。当掺杂量合适时，如 x 约为 1/3 时，就会在相近的温度下出现顺磁-铁磁转变和绝缘-金属转变，同时电阻率在转变点附近出现极大值[69]。研究表明，在 8T 磁场的作用下，$Nd_{0.7}Sr_{0.3}MnO_3$ 薄膜材料可以获得超过 10^6 的磁电阻系数[68]。这种极大的磁电阻效应表明，在锰氧化物中存在着自旋-电荷间的强烈关联性。虽然至今尚未对超大磁电阻产生的内在机制做出定论，但双交换作用和 Jahn-Teller（J-T）畸变仍被认为是决定 CMR 效应的两个重要因素。

1.3.7 ABO_3 型稀土复合氧化物的电荷有序性

不同电荷的阳离子有序排列于指定晶格位置上造成载流子局域化，称为电荷有序态（Charge Ordering，CO）。电荷有序态与 CMR 效应的起源有着密切的关系，同时也是体现强关联电子体系中自旋、电荷、晶格和轨道自由度间复杂相互作用的一个非常重要的现象。电荷有序转变时，材料的诸多物理性质，比如电阻率、磁化率、比热容等都会发生变化。

电荷有序现象常见于掺杂锰氧化物 $R_{1-x}A_xMnO_3$[70-76]中。在钙钛矿结构中，Mn^{3+} 和 Mn^{4+} 通常是随机分布的，但当 Mn^{3+} 与 Mn^{4+} 为特定浓度比时，比如 1∶1、2∶3、5∶8 等，在特定温度（电荷有序温度 T_{CO}）下，体系中 Mn^{3+} 与

Mn^{4+} 在指定晶格格位上呈周期性排列，使载流子强烈局域化，体系呈电荷有序态，如图 1-12 所示。同时由于 Mn^{3+} 与 Mn^{4+} 在实空间的有序排列，$Mn^{3+}O_6$ 八面体的本征 Jahn-Teller 晶格畸变也会相应地有序排列，形成了综合的 Jahn-Teller 效应。

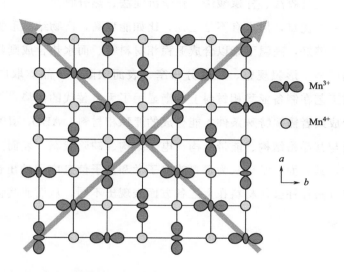

图 1-12　Mn^{3+} 和 Mn^{4+} 浓度比为 1∶1 时 a-b 面内的 CE 型电荷有序态[77]

1955 年，Wollan 等[47]在用中子衍射研究物质的磁结构时，发现 $La_{0.5}Ca_{0.5}MnO_3$ 是由 C 型和 E 型两种磁结构组成的，即 CE 型磁结构。Wollan 和 Koehler 分析这种磁结构后首次提出在锰氧化物中可能存在电荷有序。在此基础上，Goodenough[51]根据 Mn-O 半共价键理论给出了 $La_{0.5}Ca_{0.5}MnO_3$ 的磁结构相图并提出了 Mn^{3+} 与 Mn^{4+} 有序排列的模型。1996 年，美国 Bell 实验室 Chen 等[78]在使用电子衍射研究 $La_{0.5}Ca_{0.5}MnO_3$ 的磁结构时发现，在临近其奈尔温度（95K）时，有四个对称的等强度的斑点出现在电子衍射图中主衍射斑点的周围，归因于 $Mn^{3+}O_6$ 和 $Mn^{4+}O_6$ 八面体的有序排列，这为证实电荷有序存在提供了直接实验证据。同年，Ramirez[79]在 $La_{1/3}Ca_{2/3}MnO_3$ 的电子衍射中也观察到了类似的衍射花样。随后，Radaelli 等[80]对 $La_{0.5}Ca_{0.5}MnO_3$ 进行了 X 射线和中子衍射实验，发现了同样的衍射花样。这些实验综合起来证实了电荷有序态的存在。随后，人们在多种锰酸盐体系中发现了电荷有序现象，比如 $La_{1-x}Sr_xMnO_3$、$Pr_{1-x}Sr_xMnO_3$、$Nd_{1-x}Sr_xMnO_3$ 和 $Pr_{1-x}Ca_xMnO_3$ 等。

1.3.8　ABO₃ 型稀土复合氧化物的制备方法

目前，关于 ABO₃ 型磁电功能材料的制备，报道最多的还数高温方法，比如固相烧结法、溶胶凝胶法、柠檬酸法、化学沉淀法、热分解法、微乳法等。这些合成方法显示了一些优点，但也有不足之处，比如能耗高、产物结晶形貌不规整、缺陷多、表面态不够好，高温下难以合成亚稳相材料等。而水热合成则具有合成温度低、产物结晶度高、形貌规整、粒度分布窄、表面缺陷少、晶体取向好等诸多优点。水热合成工艺在制备亚稳相材料上逐渐显示了无可替代的优势，能够合成许多高温下难以合成或者需要特殊条件才能合成的亚稳相材料。ABO₃ 型磁、电功能材料的物理性质与其晶格结构、能带结构、电子结构、缺陷状态、表面态等具有密切的关系，比如，其表面经常被认为是自旋电子学和量子信息应用的出色平台[81-84]。而不同的合成方法往往会使材料在上述各方面表现出不同，从而使其物理性质发生改变。

1.4　ABO₃ 型锰铁基稀土复合氧化物的研究现状

对 ABO₃ 型过渡金属氧化物的研究始于 20 世纪五六十年代，对该类材料的结构和物理性质无论在理论上还是在实验中都有了深入的了解。近年来，具有 ABO₃ 钙钛矿结构的氧化物，尤其是 ABO₃ 结构的锰铁基稀土复合氧化物因其简单的结构，丰富的磁、电性质，巨磁阻效应及多铁性，再次引起人们的研究热情。例如，人们在 $R_{1-x}A_xMnO_3$（R 为 La、Pr、Nd 等三价稀土离子，A 为 Ca、Sr、Ba 等二价碱土金属离子）材料中观察到了巨磁阻效应[66-68]。巨磁阻效应一经发现便迅速应用到磁头等器件中，给信息存储技术带来了革命性的发展。再如，近年来在 ABO₃ 型稀土复合氧化物（例如 $BiFeO_3$[25]、$TbMnO_3$[63]、$DyMnO_3$[85] 和 $HoMnO_3$[86] 等）中观察到了多铁性，多铁性的发现为新一代信息存储技术革命带来了曙光，被誉为实现终极存储记忆的一把钥匙。这些新效应、新现象的发现使该体系化合物成为当前材料学界和凝聚态物理学界中一个新兴的研究热点。

1.4.1 稀土锰氧化物 $RMnO_3$ 的研究现状

当稀土离子半径 $r_{R^{3+}}$ 大于 Ho^{3+} 离子半径 $r_{Ho^{3+}}$ 时，锰酸盐在常压下易于形成正交畸变的钙钛矿结构（perovskite，Pnma/Pbnm）。当稀土离子半径 $r_{R^{3+}}$ 小于 Ho^{3+} 离子半径 $r_{Ho^{3+}}$ 时，常压下正交结构（orthorhombic）不再稳定，而易于形成对应稳定的六方结构（hexogonal），空间群为 $P6_3cm$。稀土离子半径对 $RMnO_3$ 结构的影响如图 1-13 所示，这种趋势是 Graboy[87] 通过热力学自由能计算得出的。因此，稀土离子半径 $r_{R^{3+}}$ 大于 $r_{Ho^{3+}}$ 时的六方相和小于 $r_{Ho^{3+}}$ 时的正交相的锰酸盐属介稳相。

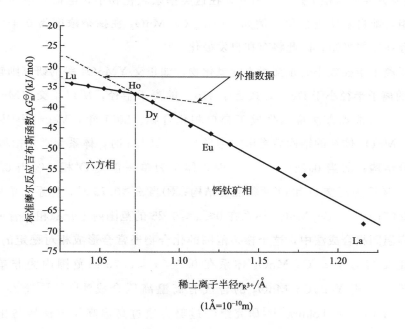

图 1-13 稀土离子半径对 $RMnO_3$ 结构的影响[87]

目前，稀土锰氧化物的研究主要集中在以下三个方面。

(1) 正交稀土锰酸盐的 A 位或 B 位掺杂及其磁电性质

掺杂改性是实现材料功能化的一条重要的途径。A 位掺杂主要通过以下两个方面影响锰氧化物的物性：①改变 A 位离子的平均尺寸，造成离子尺寸失配，从而影响结构对称性；②使 Mn 离子价态发生变化，改变巡游的 e_g 电子浓度，影响

Mn 离子间的交换作用。由于这两个方面的共同作用，A 位掺杂使稀土锰氧化物具有丰富的磁、电性质。A 位掺杂离子从一价到四价均有报道[88-99]，其中三价和二价离子居多。钙钛矿型锰氧化物的磁性和电性与 Mn 的 3d 电子密切相关。同 A 位离子掺杂相比，B 位离子掺杂可以通过以下三个方面影响锰氧化物的结构与磁、电性能：①改变晶体结构的对称性；②使 Mn 离子的价态发生变化；③直接影响 MnO_6 八面体本身的结构，改变 Mn-O-Mn 网状结构。相对于 A 位离子掺杂，B 位离子掺杂研究较少。对于掺杂正交稀土锰氧化物磁电性质研究较多的是轻稀土锰酸盐（例如 $LaMnO_3$、$PrMnO_3$、$NdMnO_3$、$SmMnO_3$ 等）[100-103]，部分研究得出的磁电相图如图 1-14 所示。近年来，人们运用各种手段对这类材料进行了广泛的研究，相继从实验上发现一些有趣的物理现象[104-109]，并且在改善和增强 CMR 效应方面取得很大进展。另外，在这类掺杂氧化物中，电荷有序相可能引起电偶极矩，即自发铁电极化。例如，$Pr_{1-x}Ca_xMnO_3$ 在掺杂浓度为 $0.4 < x < 0.5$ 时就会存在净偶极矩，因此将存在自发极化[110]。

对于离子半径较小的正交稀土锰氧化物，如正交 $YMnO_3$ 等的研究则较少。由于 Y^{3+} 的离子半径小于 Dy^{3+}，接近于 Ho^{3+} 的离子半径，所以正交 $YMnO_3$ 属于亚稳相，采用常规方法难以生成正交单相化合物。2001 年，Vega 等[111]研究了 $Y_{1-x}Ca_xMnO_3$ 体系的结构后指出：①当 $0 < x \leqslant 0.25$ 时，体系为六方相和正交 O' 相的混合结构；②当 $0.25 < x \leqslant 0.5$ 时，体系为单一正交 O' 相；③当 $0.5 < x \leqslant 0.75$ 时，体系为正交 O 和 O' 两相混合结构；④当 $x \geqslant 0.75$ 时，体系为单相正交 O 相。正交结构 $Y_{1-x}Ca_xMnO_3$ 体系在 $0 \leqslant x \leqslant 0.25$ 的范围内为介稳相，合成非常困难。在高温固相合成法中，这个掺杂范围的化合物通常会形成相对稳定的六方相。另外，正交结构 $Y_{1-x}Ca_xMnO_3$ 体系在 $0.5 < x < 0.75$ 的范围内为非单相。目前，关于正交相 $Y_{1-x}Ca_xMnO_3$ 的合成有高温高压合成法[112-115]等少量报道。2011 年，Yoshinori Tokura[116]研究组经过努力通过高温高压方法制备出了正交 $YMnO_3$ 单晶，但在制备过程中需要六方 $YMnO_3$ 作为前驱体且合成条件严苛。因此，制备正交相 $Y_{1-x}Ca_xMnO_3$（$0 \leqslant x \leqslant 0.25$）纯相仍然是一个具有挑战性的课题。人们对正交 $Y_{1-x}Ca_xMnO_3$ 的合成与磁电性质的研究远少于对大半径稀土锰氧化物 $R_{1-x}A_xMnO_3$（R 为 La、Pr、Nd 等，A 为 Ca、Sr、Ba 等）的研究。关于正交 $Y_{1-x}Ca_xMnO_3$ 的结构和磁电相图还尚未建立。因此，开发一种简单、经济、可靠的方法合成结晶好、相纯度高的正交 $Y_{1-x}Ca_xMnO_3$ 晶体并研究其磁电性质具有较大的意义。

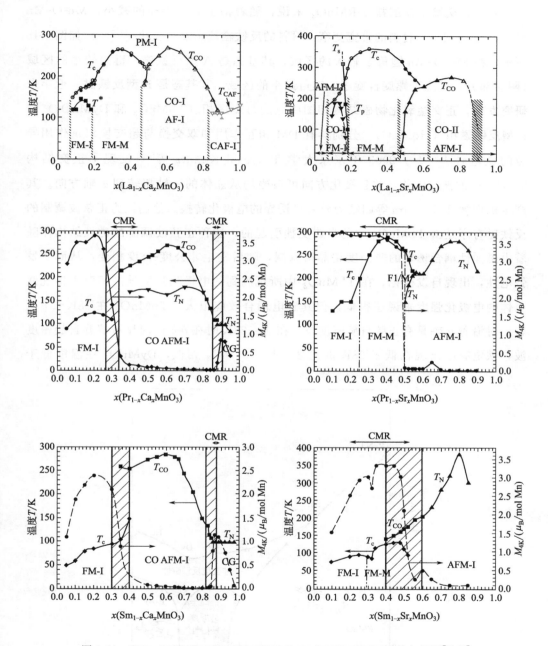

图 1-14 $R_{1-x}A_x MnO_3$（R=La，Pr，Sm；A=Ca，Sr）的磁电相图[96,97]
（注：M_{4K}表示在4K温度下测得的磁化强度）

(2) 具有螺旋自旋序和 E 型反铁磁的稀土锰酸盐的低温磁性和多铁性

对于正交稀土锰酸盐 o-RMnO₃ 来说，随着稀土离子半径的减小，Mn-O-Mn 键角 φ 逐渐减小，材料的带宽变窄，材料的反铁磁基态发生变化[117,118]。如图 1-15 所示，在 Mn-O-Mn 键角 φ 较大的区域，其基态是 A 型反铁磁；键角较小的区域（阴影部分）对应于螺旋自旋序；键角最小的区域，其基态是 E 型反铁磁。近年来研究发现，正交锰氧化物磁结构相图中螺旋自旋序相（TbMnO₃ 和 DyMnO₃）和 E 型反铁磁相（HoMnO₃）分别具有 DM 相互作用和双交换与超交换双重作用导致的铁电性[119-134]。2003 年东京大学 Tsuyoshi Kimura 等[37]发现了正交结构 TbMnO₃ 的铁电极化，并且极化方向可被磁场从晶体的 c 轴扭转到 a 轴方向。其产生机理被 T. Kimura 等归结为外磁场诱导的电极化转换。他们认为正弦波调制的反铁磁有序是由 TbMnO₃ 中的自旋受挫引起的，这种正弦波调制的磁性结构伴随着由磁弹性耦合诱发的非公度超晶格调制，随后发生非公度-公度相变，从而诱发铁电性，出现自发极化。在 TbMnO₃ 中所观测到的电极化强度虽然相对于传统铁电体的电极化强度来说还很低，但其磁电耦合效应很大。TbMnO₃ 在 28K＜T＜41K 时沿着 b 轴具有正弦自旋密度波，在 T＜28K 时在 b-c 面内显示螺旋自旋密度波，铁电有序出现在低于 28K 的温区。与 TbMnO₃ 相似，DyMnO₃ 在温度低于

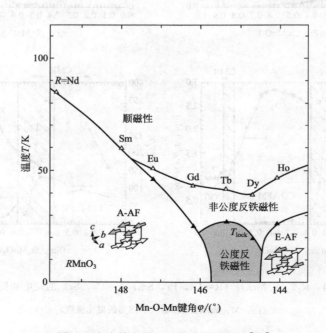

图 1-15 未掺杂稀土锰氧化物磁相图[118]

25K时，其磁结构转变为非共线螺旋自旋反铁磁序，化合物进入多铁态。2006年底，Sergienko[120]更是预言了正交结构的$HoMnO_3$共线E型反铁磁序也可以破坏空间反演性，形成铁电极化。这是一种磁与晶格的直接耦合，效应比自旋轨道耦合要强很多，理论预言其极化强度可以数十倍于$TbMnO_3$。随后的理论计算[112]均认为，$HoMnO_3$具有很大的铁电极化，但由于高纯单相晶体样品难以制备，一直无法得到确认。因此，正交相$TbMnO_3$[63]、$DyMnO_3$[85]和$HoMnO_3$[86]成为多铁性材料的研究热点，其研究进展的报道也见之于一些具有重大影响的杂志上。只是$HoMnO_3$的正交相为介稳相，样品制备困难，样品质量不过关，研究较少。目前，关于此类多铁性材料的研究还需进一步深入。另外，B位等价掺杂对晶体结构及磁结构的影响，也颇受关注，其研究处于上升阶段。合成高质量的晶体样品并研究掺杂对磁性的影响对多铁性研究具有很大的帮助。

（3）六方重稀土锰酸盐的磁性及多铁性

小半径稀土离子（$r_{R^{3+}} \leqslant r_{Ho^{3+}}$）锰酸盐在常压下易于形成六方结构（$P6_3cm$）。在六方稀土锰酸盐$h$-$RMnO_3$（R为Ho、Er、Tm、Yb、Lu、Sc和Y）中，低温下经常会伴随着反铁磁有序出现铁电性质[135-147]。其反铁磁奈尔温度范围为70~130K[35,135-137]，铁电居里温度范围为570~990K[138,139]。六方稀土锰酸盐h-$RMnO_3$的磁结构是带有平面自旋阻挫的非共轴A类反铁磁结构，相邻的三个锰离子的电子基态自旋夹角为120°，Mn^{3+}之间的反铁磁超交换作用及几何阻挫决定了h-$RMnO_3$在低温下显示反铁磁有序。从高温向低温转变时，MnO_5三角双锥体会发生倾斜，此时R离子会偏离原来的平面。偏离对称中心的R离子的4d轨道同O离子的2p轨道之间会发生强烈的杂化，进而引起R离子和O离子的有效电荷变化，出现铁电极化。所以，刚性的MnO_5多面体发生倾斜导致空间反演对称性破缺和铁电性。铁电有序出现在高温区，反铁磁有序出现在低温区，因此h-$RMnO_3$只有在低温下才可能表现多铁性，提高反铁磁转变温度具有重要意义。

多铁性材料实用化的一个非常重要的问题就是要在室温下具有电有序、磁有序及其耦合作用。h-$RMnO_3$的铁电居里温度比较高，所以提高反铁磁转变温度是解决问题的关键所在。人们尝试通过各种手段来对其进行修饰和改进，其中包括对A位进行碱金属离子掺杂，对B位Mn离子进行其他过渡元素替代，对A、B位离子同时进行掺杂替代等。

1.4.2 稀土正铁氧体 $RFeO_3$ 的研究现状

稀土正铁氧体又称钙钛矿型铁氧体，为正交畸变的钙钛矿结构，空间群为 Pbnm，分子式为 $RFeO_3$，其中 R 为稀土元素。早期的研究主要集中在对稀土正铁氧体单晶体的合成及晶体结构和磁结构的研究上[148-155]。

图 1-16 给出了生成稀土正铁氧体 $RFeO_3$ 和石榴石型铁氧体 $R_3Fe_5O_{12}$ 的化学反应 $Fe+1/2R_2O_3+3/4O_2=RFeO_3$ 和 $5Fe+3/2R_2O_3+15/4O_2=R_3Fe_5O_{12}$ 在 1200℃ 高温下的标准摩尔吉布斯自由能变 $\Delta_r G_m^\ominus$ 随着稀土元素原子序数的变化关系[156]。从图中可以看出，在高温下生成 $RFeO_3$ 的标准摩尔吉布斯自由能变大于生成 $R_3Fe_5O_{12}$ 的标准摩尔吉布斯自由能变，暗示在高温条件下 $R_3Fe_5O_{12}$ 相为热力学稳定相，稀土正铁氧体 $RFeO_3$ 为介稳相。早期的合成方法主要是采用高温固相反应，所以获得的 $RFeO_3$ 样品的相纯度受到影响。

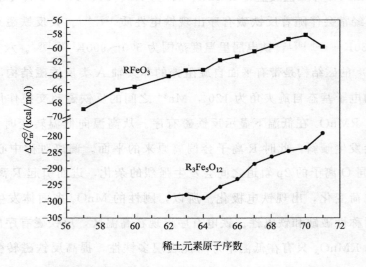

图 1-16 高温下生成稀土正铁氧体 $RFeO_3$ 和石榴石型铁氧体 $R_3Fe_5O_{12}$ 的标准摩尔吉布斯自由能变 $\Delta_r G_m^\ominus$ 与稀土元素原子序数的关系

(1cal=4.1868J)

磁结构研究显示，稀土正铁氧体是 Dzyaloshinskii-Moriya 型倾斜弱铁磁体，一般显示较大的反对称交换相互作用，Fe^{3+} 自旋在 a-c 面内具有非常小的各向异性，

而在 b 轴方向显示非常大的单轴各向异性[157]。稀土正铁氧体中存在 Fe^{3+}-Fe^{3+}、R^{3+}-Fe^{3+} 和 R^{3+}-R^{3+} 等的相互作用及竞争，使其具有丰富的磁性[158]。当温度从高到低时，正铁氧体一般会经历如下过程或转变：Fe 的反铁磁转变（T_{N1}），自旋倾斜弱铁磁性，自旋重取向转变（T_{SR1}-T_{SR2}），磁化强度反转（T_{comp}），R 的反铁磁转变（T_{N2}）等。稀土正铁氧体具有很强的超交换作用，因而显示很高的反铁磁转变温度 T_{N1}，一般为 600～700K[152]。在反铁磁奈尔温度以下，铁自旋子系统按照 $\Gamma_4(G_x, A_y, F_z)$ 表达排列，表现为弱铁磁性。随着温度的降低，当 R^{3+} 离子自旋有序到达一定程度时，在某一个方向上 R-Fe 相互作用强于 Fe-Fe 的相互作用，从而导致材料的易磁化方向发生变化。大多数情况下的转变为 Fe 次晶格的磁结构序列从 $\Gamma_4(G_x, A_y, F_z)$ 经历 Γ_{24} 转变为 $\Gamma_2(F_x, C_y, G_z)$，自旋重新取向为一个连续的过程，在温度区间 T_1～T_2（$T_1 < T_2 < T_N$）中 F 在 a-c 面内从平行于 c 轴旋转到平行于 a 轴，如图 1-17 所示（图中 x 轴、z 轴分别对应上述文中 a 轴、c 轴），这个过程中是 F 型铁磁磁矩有序排列的重新取向。只有 $DyFeO_3$ 按照 $\Gamma_4 \rightarrow \Gamma_1$ 构型转变[159]，在这个过程中从高温到低温发生自旋重新取向相变时，其弱铁磁 F 相消失。宏观上，Fe^{3+} 的自旋构型 F 和 G 在一个温度区间连续旋转，其磁化强度在自旋重取向区间发生变化。在实验中，一般根据自发磁化强度的变化来确定

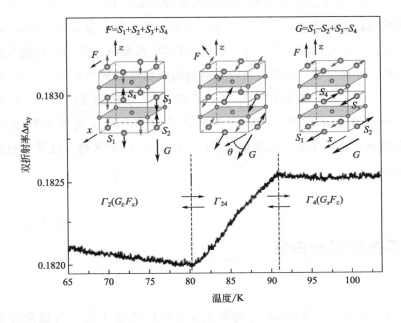

图 1-17 $TmFeO_3$ 的自旋重取向[161]

自旋重取向的温度[160]。

正铁氧体 RFeO$_3$ 具有中心对称的晶体结构，理论上其铁电性是被禁止的。然而，近年来研究发现，这一类材料在低温甚至室温下具有铁电性[162-170]。如，低温条件下 GdFeO$_3$[39] 和 DyFeO$_3$[38,165,166] 等具有铁电性；室温条件下 LaFeO$_3$[171]、SmFeO$_3$[172] 和 YFeO$_3$[173] 晶体具有铁电性。此外，在某些 A、B 位取代掺杂的 RFeO$_3$ 中也观察到了铁电性。2014 年，Y. Tokunaga[174] 发现双稀土掺杂的 Dy$_{0.7}$Tb$_{0.3}$FeO$_3$ 具有铁电性。Mandal 等[175] 在 YFe$_{1-x}$Mn$_x$O$_3$ 样品中发现了铁电性。2017 年，M. G. A. Ranieri 等在 La$_{0.5}$Sm$_{0.5}$FeO$_3$ 中发现室温下的磁电耦合[176]。目前关于 RFeO$_3$ 铁电性的起源所提出的机制均和磁有序有关联。因此，RFeO$_3$ 属于第二类多铁性材料。已知的第二类多铁性材料均具有较强的磁电耦合，但这类材料的多铁温度低，且自发极化强度 P 小。而稀土正铁氧体具有高的反铁磁转变温度（600～700K），且在高温下具有弱铁磁性，最近研究显示有些稀土正铁氧体具有较强的室温铁电性，因而稀土正铁氧体有望成为具有强的磁电耦合和高的工作温度的多铁性材料。

RFeO$_3$ 铁电性的起源与磁相变有关，但由于晶体结构及磁相变的复杂性，其铁电性的起源至今未能完全定论。因此，稀土正铁氧体结构与磁相变的研究可为研究 RFeO$_3$ 多铁性机制及开发多铁性材料提供理论和实验指导。不同合成方法所制备样品的质量，如相纯度、结晶规则性、缺陷状态、表面态等对磁相变均有影响。因此，合成高质量的稀土正铁氧体 RFeO$_3$ 晶体材料是研究其物理性质并开发应用的首要一步。如前所述，在高温条件下同热力学稳定的稀土石榴石相 R$_3$Fe$_5$O$_{12}$ 相比，正交相的稀土正铁氧体 RFeO$_3$ 属介稳相[156]。水热合成技术在介稳相氧化物的合成上逐渐显示出优越性，因此水热合成方法有利于高质量稀土正铁氧体 RFeO$_3$ 的制备。迄今为止，系列稀土正铁氧体 RFeO$_3$ 的水热合成及其磁性研究还没有系统的报道。

1.5 本书研究的内容

从晶体学的角度上讲，ABO$_3$ 型稀土复合氧化物对 A 位与 B 位阳离子半径和价态具有相当大的容忍性，为材料掺杂改性和新体系的设计合成提供了便利，被认为是制备氧化物功能材料的"万能母体"之一。从物理学的角度上讲，ABO_3型稀土复合氧化物具有异常丰富的磁电性质，部分体系显示出优异的物理效应，如巨磁阻效应和多铁性等。这些突出的优点使ABO_3型稀土复合氧化物成为当前功能材料和凝聚态物理等领域的研究热点和前沿。

目前，ABO_3型锰铁基稀土复合氧化物因其磁阻效应和多铁性而受到越来越多的关注。其中，受关注度较高的有正交稀土锰酸盐$R_{1-x}A_xMnO_3$（R为稀土元素，A为碱土金属元素、碱金属元素等），正交稀土铁氧体（即稀土正铁氧体）$RFeO_3$（R为稀土元素），六方稀土锰酸盐$RMnO_3$（R为稀土元素）等。目前，关于上述几类材料的研究，大多是建立在高温合成的基础之上的，比如固相烧结法、溶胶凝胶法等。正交稀土锰酸盐$R_{1-x}A_xMnO_3$和正交稀土铁氧体$RFeO_3$属亚稳相，高温方法难以合成。即使在特殊条件下可以部分合成，也难以避免非正交杂相共存。受材料合成的限制，关于正交稀土锰酸盐$R_{1-x}A_xMnO_3$和正交稀土铁氧体$RFeO_3$的研究还有待深入，一些体系的结构相图和磁相图还尚未建立，具有较大的研究空间。水热合成为制备亚稳相晶体材料开辟了一条新的途径，能够合成许多高温下难以合成或者需要特殊条件才能合成的亚稳相。另外，水热合成还具有合成温度低、产物结晶度高、形貌规整、粒度分布窄、表面缺陷少、晶体取向好等诸多优点。众所周知，不同合成方法常会导致产物在形貌、尺寸、结晶度、缺陷、表面状态等方面产生差异，而使其在物理性质上表现出一定的不同。

在近几年多铁性材料蓬勃兴起和磁阻材料快速发展的背景下，本书选取与之相关的典型材料体系——ABO_3型锰铁基稀土复合氧化物作为研究对象和论述内容，具体分为正交$Y_{1-x}Ca_xMnO_3$、正交$RFeO_3$（R为稀土元素）、正交$RMn_{0.5}Fe_{0.5}O_3$（R为Tb、Dy、Ho）和六方$RMn_{1-x}Fe_xO_3$（R为Er、Tm、Yb、Lu）四个子体系。采用水热技术合成结晶状态良好、形貌规整的单相晶体产物，对其晶格结构、化学组成、元素价态、微观形貌与磁电性质进行表征与研究，探讨相关机理。这将对低温条件下晶体材料特别是亚稳相的合成，对ABO_3型锰铁基稀土复合氧化物基本性质的研究，对巨磁阻和多铁性磁电功能材料的应用研究等具有一定推动作用；具有较大的基础研究意义。

基于以上，本书研究的内容如下。

① 以共线E型反铁磁序、电荷有序型正交锰氧化物多铁性/磁阻材料为研究背景，采用水热技术合成系列钙掺杂的正交锰酸钇（$Y_{1-x}Ca_xMnO_3$）单相晶体产物；研究合成条件对产物生成的影响，分析产物生成机制；表征产物的晶体结构、

化学组成与微观形貌；表征产物的磁性质、磁电阻性质与电荷输运性质；分析讨论相关机理。

② 以第二类多铁性材料 $RFeO_3$（R 为 Pr～Lu）丰富的磁有序为研究背景，采用水热技术合成正交结构稀土正铁氧体 $RFeO_3$（R 为 Pr～Lu）单相晶体产物；研究合成条件对产物生成的影响，分析产物生成机制，总结出最佳合成条件；表征产物的晶体结构与微观形貌；表征产物的磁相变，包括 Fe^{3+} 的反铁磁转变、自旋重取向转变、磁化强度反转及 R^{3+} 的磁有序转变等；比较水热合成产物在自旋重取向等磁性质上的变化；分析讨论相关机理。

③ 采用水热技术合成 B 位锰、铁双掺杂的正交结构复合氧化物 $RMn_{0.5}Fe_{0.5}O_3$（R 为 Tb、Dy、Ho）单相晶体产物；研究合成条件对产物生成的影响；表征产物的晶体结构、微观形貌、化学组成与元素价态；表征产物的自旋重取向等磁行为；分析讨论相关机理。

④ 采用水热技术合成 B 位 Fe 掺杂的几何阻挫型六方稀土锰氧化物 $h\text{-}RMn_{1-x}Fe_xO_3$（R 为 Er、Tm、Yb、Lu）；研究合成条件对产物生成的影响；表征产物的晶体结构、微观形貌与化学组成；表征产物的磁行为，分析 Fe 掺杂等因素对晶格结构和反铁磁转变温度的影响。

第2章 正交$Y_{1-x}Ca_xMnO_3$的水热合成与磁电性质

2.1 引言

  A位掺杂正交结构（亦称钙钛矿型）锰酸盐$R_{1-x}A_xMnO_3$（R为稀土元素，A为碱土金属、碱金属等元素）表现出了独特的磁、电物理性质[177-179]，引起了科学工作者们极大的研究兴趣。$R_{1-x}A_xMnO_3$的物理性质主要取决于稀土R离子、掺杂比例x、Mn^{3+}/Mn^{4+}比例、A位平均阳离子半径$\langle r_A \rangle$及A、B位阳离子大小的不匹配程度。关于$R_{1-x}A_xMnO_3$，目前人们研究较多的是大半径稀土离子，如La^{3+}（1.216nm）、Pr^{3+}（1.179nm）、Nd^{3+}（1.163nm）等的锰酸盐，主要研究其磁性质与电输运性质，如巨磁电阻效应[66-68]等。而关于小半径稀土离子，如Tb^{3+}（1.095nm）、Dy^{3+}（1.083nm）、Ho^{3+}（1.072nm）、Y^{3+}（1.075nm）等的掺杂型锰酸盐$R_{1-x}A_xMnO_3$的研究则较少。该体系中稀土离子为12配位，其半径应为12配位半径，但因Shannon表[180]中部分稀土离子的12配位半径数据不全，所以本章近似采用九配位稀土离子半径。在小半径稀土离子的A位掺杂正交锰氧化物$R_{1-x}A_xMnO_3$中，当A为Ca^{2+}时，R^{3+}和Ca^{2+}产生较小的A位平均阳离子半径$\langle r_A \rangle$，使体系发生较大的晶格畸变，Mn-O-Mn键角明显减小，Mn-Mn之间的转移积分t_{ij}（或e_g电子带宽）减小，通过形成极化子的形式使Mn^{3+}和Mn^{4+}离子局域化，最终导致体系在较高的温度下进入电荷有序态[181]。Mn^{3+}和Mn^{4+}离子局域化减弱了双交换作用而使反铁磁态成为体系的基态[182,183]，并且引起的能级位移和劈裂也能使原始未畸变的金属能带转变成绝缘能带[184]。近年研究发现，电荷有序型掺杂正交锰酸盐 $R_{1-x}A_xMnO_3$ 还展现出了多铁性[185-188]，其电荷的有序排列方式破坏了空间反演对称性而引起电极化。

在 A 位掺杂正交稀土锰氧化物中，$Y_{1-x}Ca_xMnO_3$ 体系代表了一个极端例子，Y^{3+} 和 Ca^{2+} 产生较小的 A 位平均阳离子半径 $\langle r_A \rangle$，系统会在较高的温度下进入电荷有序态。另外，Y^{3+} 的电子构型有利于研究者观察体系随着二价 Ca^{2+} 的掺杂而发生的磁转变，因为不存在锰离子之外的其他磁性离子的干扰。在未掺杂的母体正交 $YMnO_3$ 中，Y^{3+} 的离子半径接近于 Ho^{3+}，其磁结构与正交 $HoMnO_3$ 相似，为 E 型反铁磁有序。理论预言，E 型反铁磁自旋序中的对称交换收缩能够产生铁电极化[112,120]。2011 年，Tokunaga 研究组在正交 $YMnO_3$ 单相薄膜中发现沿着 a 轴有 $0.8\mu C/cm^2$ 的饱和电极化强度[189]。目前，关于正交 $Y_{1-x}Ca_xMnO_3$ 体系的研究主要集中在形成稳定相的掺杂范围 $0.3<x<0.5$ 或 $x>0.75$。在 $0 \leqslant x \leqslant 0.25$ 的掺杂范围内，正交结构 $Y_{1-x}Ca_xMnO_3$ 为介稳相[190]，产物通常会形成相对稳定的六方相，所以合成正交相特别是高纯正交相非常困难。关于该掺杂范围的合成虽有少量报道，但相纯度依然不高，产物中易有六方杂质相存在。Tokunaga 研究组在 2011 年通过高压方法制备出了正交 $YMnO_3$ 单晶样品，但合成工艺复杂，条件要求苛刻，且需要六方相作为前驱体[116]。当 $0.5<x<0.75$ 时，$Y_{1-x}Ca_xMnO_3$ 是正交 O 和 O' 两相的混合结构[111]。所以，正交结构 $Y_{1-x}Ca_xMnO_3$ 体系的合成仍然是具有挑战性的课题。人们对正交 $Y_{1-x}Ca_xMnO_3$ 的合成与性质研究远少于对 A 位大半径稀土锰氧化物 $R_{1-x}A_xMnO_3$（R 为 La、Pr、Nd 等；A 为 Ca、Sr、Ba 等）的研究，正交 $Y_{1-x}Ca_xMnO_3$ 的结构和磁、电相图还尚未建立。开发一种简单、经济、可靠的合成方法来制备结晶好、相纯度高的正交 $Y_{1-x}Ca_xMnO_3$ 晶体并研究其磁、电性质具有较大的意义。

水热合成技术为温和条件下合成介稳相化合物开辟了一条新的途径[191,192]。在本书所述工作中，利用水热技术成功合成了 $Y_{1-x}Ca_xMnO_3$（$x=0$，0.07，0.55，0.65）四个正交单相晶体产物。我们知道，不同的合成方法常会导致产物在形貌、尺寸、结晶度、缺陷、表面状态等方面的差异，使其在物理性质上显示不同。因此，在合成正交单相 $Y_{1-x}Ca_xMnO_3$（$x=0$，0.07，0.55，0.65）的基础上，我们对其磁性、磁电阻和电输运性质进行了表征与研究。

2.2 样品的制备

2.2.1 原料与试剂

所使用化学试剂如表 2-1 所示。为使起始反应原料混合更加充分，将表 2-1 中除 KOH 外的所有试剂均配制成水溶液。试样制备过程中使用的仪器设备有分析天平、台天平、磁力搅拌器、带聚四氟乙烯内衬的不锈钢反应釜、烘箱、台钳、超声波清洗器、光学显微镜以及实验室常用玻璃仪器等。

表 2-1 所用化学试剂

试剂名称	分子式	纯度	浓度/(mol/L)
氢氧化钾	KOH	分析纯(AR)	
高锰酸钾	$KMnO_4$	分析纯(AR)	0.12
氯化锰	$MnCl_2 \cdot 4H_2O$	分析纯(AR)	0.56
硝酸钙	$Ca(NO_3)_2 \cdot 4H_2O$	分析纯(AR)	0.40
硝酸钇	$Y(NO_3)_3 \cdot 6H_2O$	分析纯(AR)	0.40

2.2.2 正交 $Y_{1-x}Ca_xMnO_3$ 的水热合成

本文所有目标产物均使用水热技术合成。水热合成的简要步骤如图 2-1 所示。

水热合成是指在密闭体系中以水为反应介质在一定温度和自生压力作用下利用水溶液中物质的化学反应所进行的合成。水热合成具有合成温度低，产物结晶度高、形貌规则、粒度分布窄、表面缺陷少等优点，特别是有利于介稳相材料的合成。在亚临界或超临界水热条件下，反应在分子水平上进行，反应活性高，可于低温下合成许多原本需在高温条件（如高温固相法、溶胶凝胶法等）下才能合成的产物，大大降低合成温度，节省能源。水热体系中的低温、等压、液相反应等有利于生长缺陷少、取向好的近似完美晶体，且合成产物结晶度高、晶体粒度易于控制。另外值得一提的是，水热合成在制备介稳态化合物上正逐渐显示出优越性，许多高

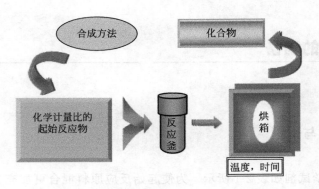

图 2-1 水热合成的简要步骤

温条件不能合成或者必须施加特殊条件才能合成的介稳态化合物能够利用水热合成技术来制备。

以 $Y_{0.45}Ca_{0.55}MnO_3$ 为例来说明 $Y_{1-x}Ca_xMnO_3$ ($x=0$, 0.07, 0.55, 0.65) 的水热合成过程：取 2.00mL 0.40mol/L 的 $Y(NO_3)_3$ 溶液、8.00mL 0.40mol/L 的 $Ca(NO_3)_2$ 溶液和 12.00mL 0.12mol/L 的 $KMnO_4$ 溶液置于烧杯中充分搅拌混合，溶液呈现高锰酸钾特有的深紫色；在强力搅拌下，逐渐加入 KOH 固体使其浓度达到 26mol/L（KOH 的摩尔数/原溶液体积），溶液呈悬浊液状态；加入 4.57mL 0.56mol/L 的 $MnCl_2$ 溶液，搅拌均匀后将混合物迅速转移至具有聚四氟乙烯内衬的不锈钢反应釜中，填充度大约为 80%，于 240℃下反应 3 天完成晶化；反应结束后自然冷却至室温，将固体产物超声分离，将结晶产物收集并用去离子水多次洗涤，然后于 60℃下空气气氛中干燥得最终产物。

2.2.3 样品的测试与分析

使用 X 射线衍射（XRD）技术进行物相分析，并使用 Pawley、Rietveld 等方法对 XRD 数据进行精修来获取试样的晶体结构、晶胞参数、原子占位、选择性键长键角等信息；使用扫描电子显微镜（SEM）进行形貌观察；使用电感耦合等离子体质谱（ICP）和 X 射线能谱（EDS）技术进行化学成分分析；使用 X 射线光电子能谱（XPS）进行表面元素价态分析。使用超导量子干涉仪（SQUID）测量一定外场下的场冷（FC）和零场冷（ZFC）磁化曲线；使用综合物性测量系统（PPMS）测量电阻和磁阻。

使用 Rigaku D/Max 2550 V/PC 型 X 射线衍射仪，铜靶 Kα 射线源，λ＝1.5418Å，管电压 40kV，管电流 200mA，扫描速度 4°/min、1°/min，步长 0.02°/step（步），扫描范围根据具体试样确定。使用 Accelrys MS Modeling 工作站对慢扫样品的 XRD 数据进行 Rietveld 或 Pawley 精修。

使用 JEOL JSM-6700F 型扫描电子显微镜对试样进行微观形貌观察。先将导电胶粘在铜片或铝片上，然后将试样附着在导电胶上，并使用 KYKY SBC-12 型喷金仪对试样表面进行喷金。另外使用扫描电子显微镜的附件 X 射线能谱仪进行成分分析。

为使成分分析更加可靠，在 EDS 分析的基础上使用电感耦合等离子体质谱（ICP）技术对试样成分作进一步分析。使用美国 PERKIN ELMER 公司 Optima 3300 DV ICP 型等离子体发射光谱仪，工作波长范围 165～782nm，2 卤成像光路，SCD 检测器。待测样品制作过程：称取 5mg 左右待测样品，加入 2mL 盐酸，再加入 3mL 纯净水，边加热边搅拌直至溶解，然后用 50mL 容量瓶定容待测。

使用 PHI5700 ESCA 型 X 射线光电子能谱仪对产物中 Mn 的价态进行分析。谱线中结合能使用标准 C_{1s} 峰校准（室温下 284.6eV）。

使用 MPMS-XL 型超导量子干涉仪（SQUID）测量试样在一定温度范围内和一定外磁场强度（即外场）下的零场冷（ZFC）和场冷（FC）磁化曲线（即磁化强度曲线，M-T 曲线），并测量一定温度下的磁滞回线（M-H 曲线）。

使用 PPMS-14 型综合物性测量系统采用标准四电极法测量试样的电阻和磁阻，温度范围 100～300K，场强 0T、2T、5T。将试样压片后在 500℃左右烧结 1h 以保证样品的硬度。将烧结好的样品片用万用表粗略测量一下电阻以确定其测量范围，然后用铟将电极焊接，最后测量不同外场下电阻随温度的变化曲线。

2.3 正交 $Y_{1-x}Ca_xMnO_3$ 的成分、结构及形貌

2.3.1 正交 $Y_{1-x}Ca_xMnO_3$ 的元素成分

$Y_{1-x}Ca_xMnO_3$ 的结晶过程受多种因素的影响，包括反应温度、反应时间、体

系碱度（氢氧化钾的浓度）、起始反应物计量比等。本实验中，240℃是产物结晶和生长较为适宜的温度。当温度低于240℃时，副产物尤其是 $K_xMnO_2 \cdot 0.5 \sim 0.7H_2O$ 将增加，导致目标产物产率降低，这时即使延长反应时间也无明显改善。所以，我们认为 $Y_{1-x}Ca_xMnO_3$ 的结晶温度应不低于240℃。碱度在目标产物的成核与生长过程中起到了重要的作用。在水热合成过程中，高碱度提供了一个有利的反应环境，有利于产物结晶度的提高和产率的增加。本实验表明，高碱度有利于生成目标产物和抑制副产物。在 $Y_{1-x}Ca_xMnO_3$ 系列样品的合成中，对于 $x=0$ 和 $x=0.07$，碱度高于23mol/L 时，晶体产物为正交单相；而对于 $x=0.55$ 和 $x=0.65$，生成正交单相晶体产物所需的最低碱度为26mol/L。在低于以上两个碱度时，晶体产物不再是正交 $Y_{1-x}Ca_xMnO_3$ 单相，而是含有 $Y(OH)_3$ 等杂相，并且无定型产物的量亦增加。反应时间通常也是影响反应结果的一个重要因素。但在本实验中，反应时间对结果影响不明显，经过 $48\sim72h$ 反应即可完成，未观察到延长反应时间带来的明显变化。

反应中涉及的离子有 Y^{3+}、Ca^{2+}、MnO_4^-、Mn^{2+}、OH^- 等，可能的反应方程如下：

$$xY^{3+}+(y+z)Ca^{2+}+zMnO_4^-+(x+y)Mn^{2+}+(5x+4y+z)OH^- \rightarrow$$
$$Y_xCa_{(y+z)}Mn^{3+}{}_xMn^{4+}{}_{(y+z)}O_3+(5x+4y+z)/2H_2O \quad (1)$$

或

$$(y+z)Y^{3+}+xCa^{2+}+(x+y)MnO_4^-+zMn^{2+}+(x+2y+5z)OH^- \rightarrow$$
$$Y_{(y+z)}Ca_xMn^{3+}{}_{(y+z)}Mn^{4+}{}_xO_3+(x+2y+5z)/2H_2O \quad (2)$$

按照上述化学反应方程式(1)或(2)的计量比，对 $YMnO_3$ 进行不同比例的 Ca 掺杂，预期得到 $Y_{1-x}Ca_xMnO_3$（$x=0, 0.1, 0.2, 0.3, 0.4, 0.5, 0.6, 0.7, 0.8, 0.9$）系列样品。但是，只有前两个设计比例 $Y_{1-x}Ca_xMnO_3$（$x=0, 0.1$）和后两个设计比例 $Y_{1-x}Ca_xMnO_3$（$x=0.8, 0.9$）得到了正交单相产物，其余比例得到的产物均非正交单相，有杂相存在。实际生成产物的 Y:Ca 比例也并不严格符合起始设计比例。例如，当设计比例 $x=0.8$ 时，实际产物为 $Y_{0.45}Ca_{0.55}MnO_3$。我们尝试利用溶解-沉淀机制去解释为什么产物中元素计量比不完全符合起始设计比例。当加入 KOH 后，Y^{3+} 和 Ca^{2+} 离子首先形成无定型的氢氧化物，然后此无定型氢氧化物溶解形成羟基复合氧化物基团，如 $Y(OH)_n^{3-n}$ 和 $Ca(OH)_n^{2-n}$。此复合氧化物基团作为晶体生长单元之一通过脱水参与晶体成核与生长。在给定的水热条件下，各无定型氢氧化物的溶解度及其羟基复合氧化物的脱水速率会有所不同，导致产物的元素组成不符合起始设计比例。

使用 X 射线能谱（EDS）技术对四个单相产物进行化学组成分析。图 2-2 给出了四个单相产物的 EDS 能谱图。表 2-2 给出了通过能谱测量得出的四个单相产物中 Y 原子、Ca 原子、Mn 原子的百分比。

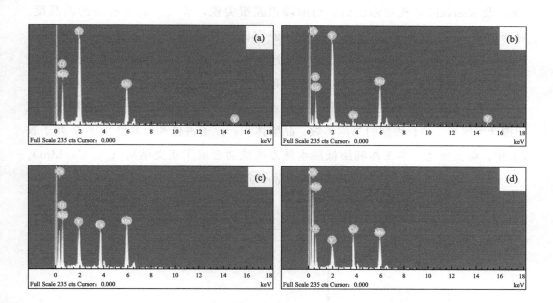

图 2-2　四个 $Y_{1-x}Ca_xMnO_3$ 单相产物的 EDS 能谱图

(a) 10∶0；(b) 9∶1；(c) 2∶8；(d) 1∶9

表 2-2　四个 $Y_{1-x}Ca_xMnO_3$ 单相产物中各元素原子百分比

Y∶Ca 设计比例	EDS 测量原子百分比			实际分子式
	Y	Ca	Mn	
10∶0	14.92	—	14.90	$YMnO_3$
9∶1	17.14	1.30	18.49	$Y_{0.93}Ca_{0.07}MnO_3$
2∶8	6.69	8.32	15.13	$Y_{0.45}Ca_{0.55}MnO_3$
1∶9	5.11	9.62	14.66	$Y_{0.35}Ca_{0.65}MnO_3$

注：其余百分比为 O 元素。

根据这三种元素的原子比例，我们可以确定四个单相产物中 Ca 的掺杂量 x 分别为 0、0.07、0.55 和 0.65，最终确定四个单相产物的化学组成分别为 $YMnO_3$、$Y_{0.93}Ca_{0.07}MnO_3$、$Y_{0.45}Ca_{0.55}MnO_3$ 和 $Y_{0.35}Ca_{0.65}MnO_3$。

2.3.2 正交 $Y_{1-x}Ca_xMnO_3$ 的物相结构

图 2-3 给出了四个单相产物 $Y_{1-x}Ca_xMnO_3$（$x=0$，0.07，0.55，0.65）的 XRD 及 Rietveld 结构精修图谱。衍射峰很强很尖锐，表明产物具有高的结晶度。对产物的 XRD 数据进行指标化分析，证实四个样品均为正交结构，空间群为 Pnma（62）。通过 Pawley 精修给出了晶胞参数，并证实了指标化结果。精修过程中，几乎所有的实测衍射峰都有对应的布拉格衍射角，证实样品为单一正交相。Rietveld 全谱拟合修正结构，如图 2-3 所示。四个样品的可靠性因子 R 都很小，说明拟合度很高。拟合得到的晶胞参数、晶胞体积、原子占位和可靠性因子 R 列于表 2-3 中。综上所述，本工作利用低温水热方法成功合成了正交结构 $Y_{1-x}Ca_xMnO_3$（$x=0$，0.07，0.55，0.65）的四个单相晶体产物。

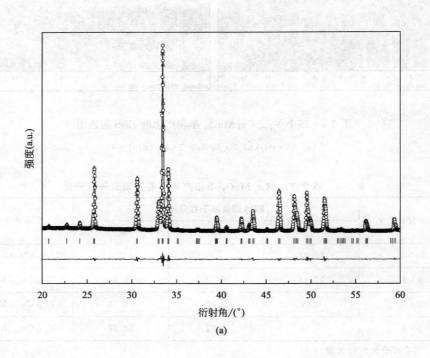

(a)

第 2 章 正交 $Y_{1-x}Ca_xMnO_3$ 的水热合成与磁电性质

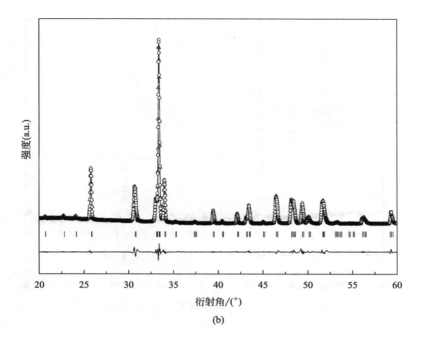

(b)

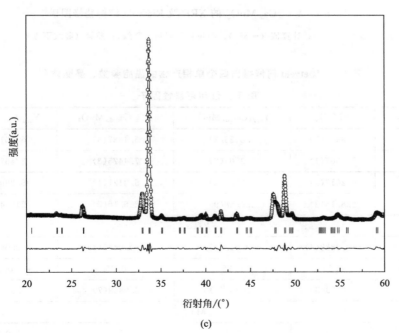

(c)

图 2-3

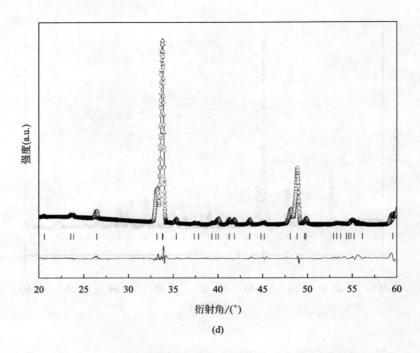

(d)

图 2-3 $Y_{1-x}Ca_xMnO_3$ 的 XRD 及 Rietveld 结构精修图谱

测量值（○）；计算值（—△—）；布拉格衍射角（竖线）；差异（竖线下方）

表 2-3 Rietveld 精修得出四个单相产物的晶胞参数、晶胞体积、
原子占位和可靠性因子

化合物	$YMnO_3$	$Y_{0.93}Ca_{0.07}MnO_3$	$Y_{0.45}Ca_{0.55}MnO_3$	$Y_{0.35}Ca_{0.65}MnO_3$
a/Å	5.8425(1)	5.8155(2)	5.4387(3)	5.4013(5)
b/Å	7.3567(1)	7.3705(2)	7.4475(3)	7.4577(6)
c/Å	5.2617(1)	5.2630(2)	5.3121(4)	5.2998(6)
V/Å³	226.15(2)	225.58(9)	215.16(5)	213.48(3)
Y/Ca				
x	−0.0838(4)	−0.0596(6)	−0.0445(4)	−0.0421(9)
y	0.25	0.25	0.25	0.25
z	0.9829(3)	0.9859(5)	0.9868(7)	0.9890(8)
Mn				
x	0.5	0.5	0.5	0.5
y	0	0	0	0
z	0	0	0	0

续表

化合物	$YMnO_3$	$Y_{0.93}Ca_{0.07}MnO_3$	$Y_{0.45}Ca_{0.55}MnO_3$	$Y_{0.35}Ca_{0.65}MnO_3$
O_1				
x	0.5321(17)	0.5524(11)	0.5286(14)	0.5031(18)
y	0.25	0.25	0.25	0.25
z	0.1020(18)	0.1178(14)	0.0987(18)	0.1154(18)
O_2				
x	0.1620(15)	0.1500(18)	0.1945(16)	0.1961(27)
y	0.0503(16)	0.0566(19)	0.0370(14)	0.0391(18)
z	0.8074(14)	0.7809(17)	0.8090(11)	0.8337(12)
$R_{wp}/\%$	8.15	11.88	10.61	10.77
$R_p/\%$	6.10	7.46	7.95	7.68

Y^{3+} 和 Ca^{2+} 占据 ABO_3 钙钛矿结构的 A 位，而 Y^{3+} 和 Ca^{2+} 的半径、电荷不同，所以晶胞参数和晶胞体积会随 Ca 掺杂量 x 的变化而变化。图 2-4 给出了晶胞参数和晶胞体积随 Ca 掺杂量 x 的变化规律。Ca^{2+} 的离子半径（1.12nm）大于 Y^{3+} 的离子半径（1.075nm），Ca^{2+} 取代 Y^{3+} 将造成晶格膨胀。随着 Ca^{2+} 不断取代 Y^{3+}，为了保持电荷平衡，部分 Mn^{3+}（$3d\text{-}t_{2g}^3\text{-}e_g^1$）转换成了 Mn^{4+}（$3d\text{-}t_{2g}^3$），而 Mn^{4+}（$3d\text{-}t_{2g}^3$）的离子半径小于 Mn^{3+}（$3d\text{-}t_{2g}^3\text{-}e_g^1$）的离子半径，将导致晶格收缩。

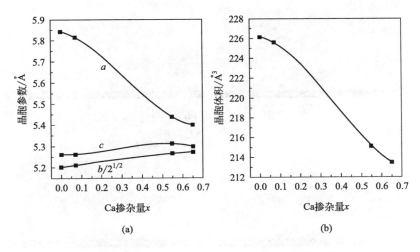

图 2-4 Ca 掺杂量 x 对正交 $Y_{1-x}Ca_xMnO_3$ 晶胞参数（a）与晶胞体积（b）的影响

Ca^{2+} 取代 Y^{3+} 对晶格变化的影响小于 Mn 离子变价的影响,两种作用的共同结果为晶格收缩,所以晶胞体积 V 随着 Ca^{2+} 的掺杂量 x 的增加而减小。在正交 $YMnO_3$ 中,MnO_6 八面体中的 Mn^{3+} 是 Jahn-Teller 活性离子,随着 Ca 掺杂量 x 的增加,部分 Mn^{3+}($3d\text{-}t_{2g}^3\text{-}e_g^1$)转换成了非 Jahn-Teller 活性的 Mn^{4+}($3d\text{-}t_{2g}^3$),所以 Jahn-Teller 效应降低,晶格对称性增加。从图中也看出,随着 Ca 掺杂量 x 的增加,晶胞参数 $b/\sqrt{2}$ 和 c 略有增加,晶胞参数 a 有较大程度的减小而逐渐接近晶胞参数 c 的值,表明晶格对称性有由正交向四方转变的倾向。

2.3.3 正交 $Y_{1-x}Ca_xMnO_3$ 的微观形貌

图 2-5 给出了 $Y_{1-x}Ca_xMnO_3$($x=0$,0.07,0.55,0.65)单相产物的扫描电子显微镜(SEM)照片。从图中可以看出,水热方法合成的 $Y_{1-x}Ca_xMnO_3$($x=0$,0.07,0.55,0.65)具有规则的形貌。$Y_{1-x}Ca_xMnO_3$($x=0$,0.55,0.65)的形貌相似,晶粒呈现 30~40μm 左右的规则块体形貌。$Y_{1-x}Ca_xMnO_3$($x=0.07$)的形貌较其他三个样品有所不同,是由小晶粒组装而成的 30μm 左右的多晶

图 2-5 四个 $Y_{1-x}Ca_xMnO_3$ 单相产物的 SEM 照片

(a) $YMnO_3$; (b) $Y_{0.93}Ca_{0.07}MnO_3$; (c) $Y_{0.45}Ca_{0.55}MnO_3$; (d) $Y_{0.35}Ca_{0.65}MnO_3$

颗粒。规则的晶粒形貌也暗示了水热法合成产物具有良好的结晶度。

2.4 正交 $Y_{1-x}Ca_xMnO_3$ 的磁性

二价 Ca^{2+} 取代三价 Y^{3+} 将导致体系晶格结构变化和 Mn^{3+} 和 Mn^{4+} 共存。在锰氧化物中，Mn^{3+}/Mn^{4+} 的比例以及它们在晶格中的分布对化合物的物理性质具有很大的影响。对于 $Y_{1-x}Ca_xMnO_3$ 体系，Y^{3+} 的电子构型有利于研究者观察体系随着二价 Ca^{2+} 掺杂而发生的磁转变，因为不存在锰离子之外的其他磁性离子的干扰。

图 2-6 给出了 $Y_{1-x}Ca_xMnO_3$（$x=0$，0.07，0.55，0.65）系列样品磁化强度的温度依赖曲线。测试条件为外磁场强度 1000Oe（1Oe=79.5774715A/m）、温度范围 4~300K，磁化强度分别以零场冷（ZFC）和场冷（FC）的模式记录。

在直流磁场下，$Y_{1-x}Ca_xMnO_3$（$x=0$）的 ZFC 和 FC 曲线存在明显的分叉现象，这是体系存在自旋玻璃态的典型特征[193]。从图中可以看到，零场冷下磁化曲线上显示有一个尖峰，相应的温度 $T_{cusp}=36K$；在不可逆转变温度 $T_{irr}=40K$ 时，FC 和 ZFC 磁化曲线开始分离。在这个分离温度点，磁矩间的磁关联特性开始显现，出现的不可逆性越来越强，表明体系已经开始表现自旋玻璃态特性[194,195]，也就是说，其内部的铁磁和反铁磁之间的相互竞争已经开始表现。铁磁簇来源于少量氧富集导致少量 Mn^{4+} 的存在而引起的 Mn^{3+} 与 Mn^{4+} 之间的相互作用。这个自旋玻璃行为可以看作是由反铁磁（AFM）矩阵和少量铁磁（FM）簇之间的阻挫引起的[196]。

$Y_{1-x}Ca_xMnO_3$（$x=0.07$）样品表现出与 $Y_{1-x}Ca_xMnO_3$（$x=0$）相似的特性，其 $T_{cusp}=38K$，$T_{irr}=44K$。虽然少量的 Ca 掺杂对 T_{cusp} 和 T_{irr} 影响很小，但是大约 10K 左右在 ZFC 曲线上出现了一个磁转变，归因于局部短程铁磁相的竞争作用。FC 曲线在大约 35K 时亦出现一个尖峰，推测是局域反铁磁性加强的象征。这些短程相的出现是由小的 A 位平均阳离子半径 $\langle r_A \rangle$ 引起的。在具有小的 A 位平均阳离子半径体系中，MnO_6 八面体的严重畸变将会导致长程有序态的坍塌而有利于短程有序态的形成。

$Y_{1-x}Ca_xMnO_3$（$x=0.55$）的磁化曲线上显示了三个特征温度。首先，300K

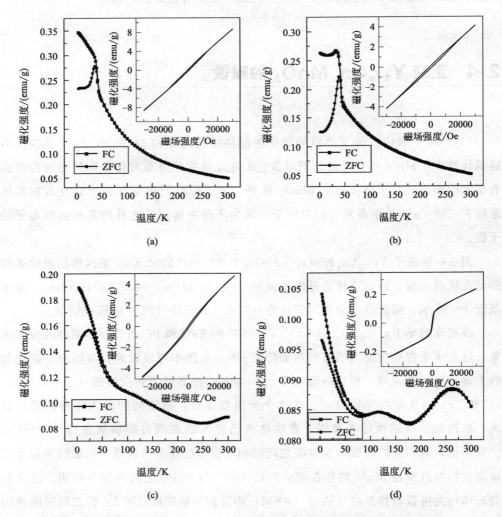

图 2-6 1000Oe 外场下四个 $Y_{1-x}Ca_xMnO_3$ 单相产物的零场冷（ZFC）和
场冷（FC）磁化强度曲线（内嵌图为 4K 时的等温磁化曲线）
(a) $YMnO_3$; (b) $Y_{0.93}Ca_{0.07}MnO_3$; (c) $Y_{0.45}Ca_{0.55}MnO_3$; (d) $Y_{0.35}Ca_{0.65}MnO$

时磁化曲线上显示一个明显的峰，该峰归因于电荷有序转变[70,197-199]。这是由于 A 位平均阳离子半径 $\langle r_A \rangle$ 较小，削弱了 e_g 电子的跳跃积分，通过形成极化子的形式使 Mn^{3+} 和 Mn^{4+} 离子局域化，导致体系在 300K 的高温下进入电荷有序态。接下来，随着温度的降低，ZFC 与 FC 磁化曲线在 100K 左右开始分离，并且显示反铁磁性，即经历了一个从顺磁到反铁磁的转变。这是因为 Mn^{3+} 和 Mn^{4+} 离子局域化减弱了双交换作用，进而使磁化强度降低使反铁磁态成为体系的基态。第三个特

第 2 章 正交 $Y_{1-x}Ca_xMnO_3$ 的水热合成与磁电性质

征温度为 ZFC 曲线在 23K 左右有一尖峰温度,即存在自旋玻璃态。只是这个尖峰要比 $x=0$ 和 $x=0.07$ 时化合物的尖峰要宽,这与局域铁磁和反铁磁团簇相关。对于小容忍因子的锰氧化物,经常会有关于电荷有序现象的报道[200,201],这与其小的 Mn-O-Mn 键角和 Mn-3d 电子的局域性相关。

$Y_{1-x}Ca_xMnO_3$ ($x=0.65$) 的磁化曲线也经历了三个转变温度,但是未见自旋玻璃态的转变信号。从图中可以看出,当温度从室温逐渐降低后,不仅存在着电荷有序转变,而且此电荷有序转变信号非常强,转变峰很宽。关于 $Y_{1-x}Ca_xMnO_3$ 体系中如此强烈的电荷有序转变信号和宽的转变峰还从未见之于报道。随着温度进一步降低,大约在 125K 观察到另一个磁转变,归属为反铁磁转变,它是被强烈的电荷局域化所稳定的[199]。磁化强度经历了最低点后,在温度低于 46K 时 FC 和 ZFC 磁化强度随温度降低而急剧增加,而不像其他三个试样在 ZFC 曲线上出现一个尖峰。这也是该体系中没有报道过的一个新的发现。该现象可能是由 Dzyaloshinskii-Moriya (DM) 各向异性超交换作用引起的[202]。

为了获得更多磁性信息,我们测量了 $Y_{1-x}Ca_xMnO_3$ ($x=0$,0.07,0.55,0.65) 四个样品在 4K 时的磁滞回线,如图 2-6 中的内嵌图所示。从图中可以看出,四个样品在低场区都显示出场依赖的非线性函数关系,并且展示了一个小但清晰的磁滞环。我们发现,随着 Ca 掺杂量 x 的增加,M-H 曲线变得更弯曲,但是饱和信号没有出现。这是因为在反铁磁矩阵存在局部短程铁磁相互作用。尤其是,$x=0.65$ 时展现了明显的磁滞行为,说明低温下在样品中存在强的局域短程铁磁作用。

图 2-7 给出了 $Y_{1-x}Ca_xMnO_3$ [(a) $x=0$,(b) $x=0.07$,(c) $x=0.55$,(d) $x=0.65$] 四个单相产物的磁化率倒数与温度的关系曲线。

这里通过 χ^{-1}-T 的外延线方程 $\chi^{-1}(T,x)=[T-\Theta(x)]/C(x)$ 能够得出其居里常数 C 和外斯温度 Θ。从图 2-7 可以得出以下结论:对于 $Y_{1-x}Ca_xMnO_3$ ($x=0$),在温度大于 100K 时,其行为很好地符合居里-外斯定律,其外斯温度为 $\Theta=-4K$。对于 $Y_{1-x}Ca_xMnO_3$ ($x=0.07$),在 $T>210K$ 时,其行为很好地符合居里-外斯定律,其外斯温度为 $\Theta=-17K$;当温度处于 46~210K 之间时,体系满足另一个新的居里-外斯定律,其外斯温度为 $\Theta=-68K$;外斯温度的降低说明体系内反铁磁性的增强。对于 $Y_{1-x}Ca_xMnO_3$ ($x=0.55$),有三个区域被拟合线标记,Fit (拟合线) 1 出现在电荷有序温度以下,其外斯温度为 $\Theta=-301K$,显示在电荷有序温度以下存在 AFM 相互作用;随后两个拟合区域的外斯温度分别为 $-52K$ 和 $-242K$,外斯温度的变化证明低温不存在整体的长程相互作用。对于

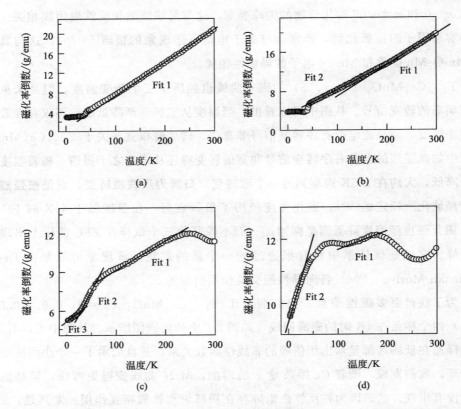

图 2-7 四个 $Y_{1-x}Ca_xMnO_3$ 单相产物的磁化率倒数随温度的变化曲线（$\chi^{-1}\text{-}T$ 曲线）

(a) $YMnO_3$；(b) $Y_{0.93}Ca_{0.07}MnO_3$；(c) $Y_{0.45}Ca_{0.55}MnO_3$；(d) $Y_{0.35}Ca_{0.65}MnO_3$

$Y_{1-x}Ca_xMnO_3$ ($x=0.65$)，有两个区域被拟合线标记，Fit1 在电荷有序温度以下，其外斯温度为 $\Theta=-1630K$，进一步说明了在电荷有序温度以下反铁磁交换相互作用占优势；Fit2 的外斯温度为 $-201K$，外斯温度的变化也进一步说明在低温下长程有序态的坍塌。

2.5 正交 $Y_{1-x}Ca_xMnO_3$ 的输运性质

如图 2-8 所示，我们测量了电荷有序样品的电阻特性，分别在 0T、2T 和 5T

第2章 正交 $Y_{1-x}Ca_xMnO_3$ 的水热合成与磁电性质

磁场下一定温度区间测量了 $Y_{1-x}Ca_xMnO_3$（$x=0.55$）和 $Y_{1-x}Ca_xMnO_3$（$x=0.65$）的电阻率（ρ）。从图中可以看到，在室温下 $Y_{1-x}Ca_xMnO_3$（$x=0.55$）和 $Y_{1-x}Ca_xMnO_3$（$x=0.65$）样品的电阻较小，随着温度的降低电阻急剧上升，最终分别在150K和100K左右达到采集设备的量程，更低温度下的电阻超出了设备量程，其电阻不能在PPMS电阻测量单元中测出而没有记录。因此，$Y_{1-x}Ca_xMnO_3$（$x=0.55$）和 $Y_{1-x}Ca_xMnO_3$（$x=0.65$）的电阻可测量温度区间分别为150～300K和100～300K。在能够测出的温度范围内，电阻随着温度的升高而降低，其输运行为符合半导体的输运特性。虽然电荷有序一般使载流子更加局域化，但是本实验未观察到电阻在电荷有序转变温度有明显的变化。

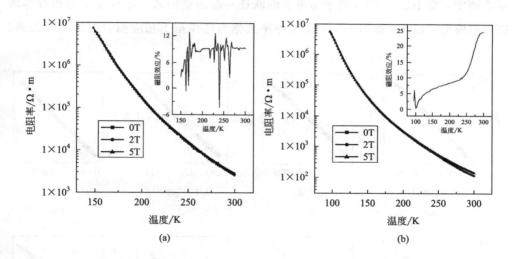

图 2-8 在0T、2T和5T磁场下电阻随温度的变化曲线（内嵌图为5T下的磁阻效应）
(a) $Y_{0.45}Ca_{0.55}MnO_3$；(b) $Y_{0.35}Ca_{0.65}MnO_3$

磁电阻效应是指材料的电阻（率）在外磁场的作用下发生改变的现象，通常用磁电阻系数（亦即电阻变化率）$\Delta R/R_0 = (R_H - R_0)/R_0$（$R_0$ 和 R_H 分别代表无磁场和有磁场时的电阻）来描述。接近室温时，样品 $Y_{1-x}Ca_xMnO_3$（$x=0.65$）在2T和5T外加磁场下的电阻与无场（0T）下的电阻相比有较明显的变化；而对于样品 $Y_{1-x}Ca_xMnO_3$（$x=0.55$），电阻变化则不如前者明显。电荷有序样品 $Y_{1-x}Ca_xMnO_3$（$x=0.55$，0.65）存在小的磁电阻效应。图 2-8 的内嵌图给出了5T外加磁场下的磁电阻效应。可以看出，对于样品 $Y_{1-x}Ca_xMnO_3$ ($x=0.65$)，其磁电阻效应在 300K 时可达 25%，但是对于样品 $Y_{1-x}Ca_xMnO_3$ ($x=0.55$)，没有发现清晰的最大值或最小值。电荷有序样品表现了一个小磁电阻效应，这是小容忍因子锰氧化物通常具有的性质[203]。

对于电阻随温度的变化关系，学术界广泛采用的有：①热激活导电模型，$\ln\rho$ 与 $1/T$ 之间存在线性关系；②Mott 变程跳跃导电模型[204]，$\ln\rho$ 与 $(1/T)^{1/4}$ 之间存在线性关系；③小极化子绝热近邻跳跃导电模型[205]，$\ln(\rho/T)$ 与 $1/T$ 之间存在线性关系。每一种导电模型都是在与其结构有关的因素的作用下形成的。处于顺磁态的 Mn 离子 3d 电子的费米能级间存在赝能隙是促成热激活导电模型的原因。材料中由磁不均匀性决定的载流子的输运促成了 Mott 变程跳跃导电模型。周围的晶格畸变，即 Jahn-Teller 极子随电子的跃迁一起运动促成了小极化子绝热近邻跳跃导电模型。图 2-9 给出了本实验电导率数据与各模型下相应拟合线的比较关系。

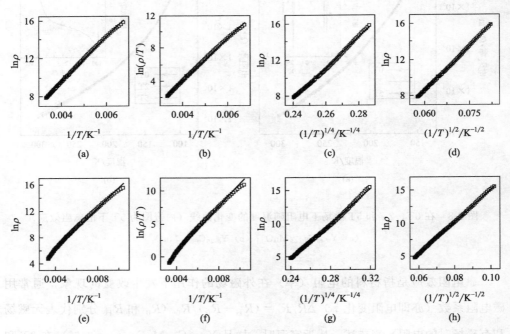

图 2-9　$Y_{0.45}Ca_{0.55}MnO_3$ [(a)，(b)，(c)，(d)] 和 $Y_{0.35}Ca_{0.65}MnO_3$ [(e)，(f)，(g)，(h)] 的电导率数据与各模型下相应拟合线的比较

［线性方程：$\ln\rho$-$1/T$，$\ln(\rho/T)$-$1/T$，$\ln\rho$-$(1/T)^{1/4}$ 和 $\ln\rho$-$(1/T)^{1/2}$；框点线和直线分别代表实验数据和模型拟合数据］

本实验数据与这三种模型都没有很好吻合,但却存在如下很好的线性关系:$\ln\rho$-$(1/T)^{1/2}$。我们认为其导电机制符合高相关电子系统的变程跳跃模型[206],电荷载流子的转移是通过磁不均匀性引起的。

2.6 本章小结

以 $Y(NO_3)_3$、$Ca(NO_3)_2$、$KMnO_4$、$MnCl_2$ 为反应前驱体,以 KOH 为矿化剂,采用水热技术合成了钙掺杂的正交锰酸钇 $Y_{1-x}Ca_xMnO_3$($x=0$,0.07,0.55,0.65)四个单相化合物,研究了产物的晶体结构、化学组成、微观形貌及磁电性质,主要结论如下。

① 通过控制反应温度、反应时间、介质碱度和起始 Y:Ca 比例,获得了四个正交单相化合物 $Y_{1-x}Ca_xMnO_3$($x=0$,0.07,0.55,0.65)。对于 $x=0$ 和 $x=0.07$,最佳反应条件为:反应温度 240℃,碱度 23mol/L,反应时间 48~72h;对于 $x=0.55$ 和 $x=0.65$,最佳反应条件为:反应温度 240℃,碱度 26mol/L,反应时间 48~72h。

② 随着 Ca^{2+} 掺杂量 x 的增加,晶胞体积 V 减小,晶胞参数 $b/\sqrt{2}$ 和 c 略有增加,晶胞参数 a 有较大程度的减小而逐渐接近于晶胞参数 c 值,表明晶格对称性有由正交向四方转变的倾向。

③ $Y_{1-x}Ca_xMnO_3$($x=0$)和 $Y_{1-x}Ca_xMnO_3$($x=0.07$)显示自旋玻璃行为;$Y_{1-x}Ca_xMnO_3$($x=0.55$)显示明显的电荷有序、反铁磁转变和自旋玻璃行为;$Y_{1-x}Ca_xMnO_3$($x=0.65$)显示非常强的电荷有序信号和反铁磁转变,但未显示自旋玻璃特性,低温磁化强度剧烈增加,表明体系中存在 Dzyaloshinskii-Moriya(DM)各向异性超交换作用。$Y_{1-x}Ca_xMnO_3$($x=0.65$)在 4K 时显示明显的磁滞行为,表明样品在低温下存在较强的局域短程铁磁作用。

④ $Y_{1-x}Ca_xMnO_3$($x=0.55$,0.65)显示半导体输运性质和小磁电阻效应,电导机制符合高相关电子的变程跳跃导电模型。

第3章 稀土正铁氧体RFeO₃的水热合成与磁相变

3.1 引言

正交（结构）稀土铁氧体 $RFeO_3$（R 为稀土元素），亦称作稀土正铁氧体或钙钛矿型铁氧体，空间群为 Pbnm，因其显示一系列新奇的物理特性，诸如自旋重取向转变、磁光效应[207,208]、反铁磁性、弱铁磁性等，而引起了人们极大的关注。稀土正铁氧体在很多高技术领域如绿色催化[209,210]、气相分离[211]、燃料电池[212]、气敏传感[213]、磁光装置[214]、环境监测[215]、自旋波[216]等均有应用。近年研究发现，某些稀土正铁氧体在低温甚至室温下具有铁电性，因而又迅速成为多铁性材料研究中的焦点之一[217-223]。比如，$GdFeO_3$[39]和 $DyFeO_3$[38]在低温条件下具有铁电性，$LaFeO_3$[171]、$SmFeO_3$[172]和 $YFeO_3$[173]在室温条件下具有铁电性。稀土正铁氧体 $RFeO_3$ 属于第二类多铁性材料[31]，其磁电耦合强度被寄予厚望，比如 Y. Tokunaga[174]于 2014 年最新发现：双稀土正铁氧体 $Dy_{0.7}Tb_{0.3}FeO_3$ 的磁化强度能够被外加电场反转。稀土正铁氧体具有高的反铁磁转变温度（600～700K）[161]，且在高温下具有弱铁磁性，最近研究又显示某些稀土正铁氧体具有较强的室温铁电性，因而稀土正铁氧体有望成为具有强的磁电耦合和高的工作温度的新型室温多铁性材料。

稀土正铁氧体是 Dzyaloshinskii-Moriya（DM）型倾斜弱铁磁体，一般显示大的反对称交换相互作用，Fe 自旋在 a-c 面内显示非常小的各向异性，而在 b 轴上显示非常大的各向异性[159]。在稀土正铁氧体 RFeO$_3$ 晶体内部通常存在 Fe^{3+}-Fe^{3+}，Fe^{3+}-R^{3+} 和 R^{3+}-R^{3+} 之间的相互作用，加之不同 R^{3+} 的离子半径、磁性等各不同，RFeO$_3$ 在低温条件下显示出诸如自旋重取向、磁化反转、补偿现象等丰富的磁相变[136]。目前，关于稀土正铁氧体 RFeO$_3$ 的铁电性起源所提出的机制均和磁相变有关联。但由于晶体结构及磁相变的复杂性，其铁电性的起源至今未能完全定论。因此，磁相变研究非常重要，可以为多铁性材料研究提供一定的理论和实验指导。

不同合成方法所制备样品的质量情况，如相纯度、结晶性、缺陷状态、表面态等对磁相变均可能产生影响。要实现卓越的物理性质，首先需要合成出高质量的晶体。因此，合成高质量 RFeO$_3$ 晶体材料是研究其物理性质并开发应用的首要一步。文献报道，在高温条件下同热力学稳定的稀土石榴石相（R$_3$Fe$_5$O$_{12}$）相比，稀土正铁氧体 RFeO$_3$ 属介稳相[156]。从高温反应获得的产物一般是热力学稳定的稀土石榴石相（R$_3$Fe$_5$O$_{12}$），即使采用特殊方法合成出部分稀土正铁氧体 RFeO$_3$，其中也经常会含有稀土石榴石相（R$_3$Fe$_5$O$_{12}$）作为杂相共存。所以，要合成单相稀土正铁氧体 RFeO$_3$，低温是必要的条件。目前，已有一些低温条件下合成单相正铁氧体 RFeO$_3$ 的尝试性工作见诸报道。Siemons[224]小组使用多元醇介导法在 700℃ 下制备了若干稀土正铁氧体。Hua Xu[225]等使用纳米杂双金属前驱体法在 500℃ 下合成了稀土正铁氧体 RFeO$_3$（R 为 La、Pr、Nd、Sm、Eu、Gd）。也有关于正铁氧体 LaFeO$_3$ 和 YFeO$_3$ 在 240℃ 的低温下水热合成的报道[226,173]。水热合成技术在介稳相氧化物的合成上具有显著的优越性，并且水热合成具有合成温度低、产物结晶度高、形貌规则、粒度分布窄、表面缺陷少等优点。

迄今为止，系列稀土正铁氧体 RFeO$_3$ 的水热合成及其磁转变研究还没有系统的报道。我们进行了实验研究，采用低温水热技术成功合成出了 12 个单相稀土正铁氧体 RFeO$_3$（R 为 Pr、Nd、Sm、Eu、Gd、Tb、Dy、Ho、Er、Tm、Yb、Lu），对其合成条件进行了详细探索，对影响产物生成的因素进行了仔细探究，确定了合成各纯单相化合物的适宜反应条件，如反应温度、介质碱度和反应时间等。在合成纯单相稀土正铁氧体的基础上，对其磁相变进行了系统的表征与分析，获得了比较丰富的第一手数据，为该体系进一步研究提供了必要的理论和实验支持。

3.2 样品的制备

3.2.1 原料与试剂

实验中所使用化学试剂如表 3-1 所示。为使起始反应原料混合更加充分，将表 3-1 中除 KOH 外的所有试剂均配制成水溶液。

表 3-1 实验所用化学试剂

试剂名称	分子式	纯度	浓度/(mol/L)
氢氧化钾	KOH	分析纯（AR）	
硝酸铁	$Fe(NO_3)_3 \cdot 9H_2O$	分析纯（AR）	0.40
硝酸镨	$Pr(NO_3)_3 \cdot 6H_2O$	分析纯（AR）	0.40
硝酸钕	$Nd(NO_3)_3 \cdot 6H_2O$	分析纯（AR）	0.40
硝酸钐	$Sm(NO_3)_3 \cdot 6H_2O$	分析纯（AR）	0.40
硝酸铕	$Eu(NO_3)_3 \cdot 6H_2O$	分析纯（AR）	0.40
硝酸钆	$Gd(NO_3)_3 \cdot 6H_2O$	分析纯（AR）	0.40
硝酸铽	$Tb(NO_3)_3 \cdot 6H_2O$	分析纯（AR）	0.40
硝酸镝	$Dy(NO_3)_3 \cdot 6H_2O$	分析纯（AR）	0.40
硝酸钬	$Ho(NO_3)_3 \cdot 6H_2O$	分析纯（AR）	0.40
硝酸铒	$Er(NO_3)_3 \cdot 6H_2O$	分析纯（AR）	0.40
硝酸铥	$Tm(NO_3)_3 \cdot 6H_2O$	分析纯（AR）	0.40
硝酸镱	$Yb(NO_3)_3 \cdot 6H_2O$	分析纯（AR）	0.40
硝酸镥	$Lu(NO_3)_3 \cdot 6H_2O$	分析纯（AR）	0.40

试样制备过程中使用的仪器设备有分析天平、台天平、磁力搅拌器、带聚四氟乙烯内衬的不锈钢反应釜、烘箱、台钳、超声波清洗器、光学显微镜以及实验室常用玻璃仪器等。

3.2.2 稀土正铁氧体 $RFeO_3$ 的水热合成

以 $PrFeO_3$ 为例来说明稀土正铁氧体 $RFeO_3$（R 为 Pr、Nd、Sm、Eu、Gd、Tb、Dy、Ho、Er、Tm、Yb、Lu）的水热合成过程：取 10.00mL 0.40mol/L 的 $Pr(NO_3)_3$ 与 10.00mL 0.40mol/L 的 $Fe(NO_3)_3$ 置于烧杯中搅拌均匀，然后在强力搅拌下，加入 KOH 固体使其浓度达到 20mol/L（KOH 的摩尔数/原溶液体积），待混合液冷却至室温后迅速将其转入具有聚四氟乙烯内衬的不锈钢反应釜中，填充度大约为 80%，然后于 240℃下反应 3 天完成晶化。反应完成后自然冷却至室温，将固体产物超声分离，将结晶产物收集并用去离子水多次洗涤，然后于 60℃下空气气氛中干燥得最终产物。

3.2.3 样品的测试与分析

使用 X 射线衍射（XRD）技术进行物相分析，并使用 Pawley、Rietveld 等方法对 XRD 数据进行精修来获取试样的晶体结构、晶胞参数、原子占位、选择性键长和键角等信息；使用扫描电子显微镜（SEM）进行形貌观察；使用电感耦合等离子体质谱（ICP）和 X 射线能谱（EDS）技术进行化学成分分析；使用 X 射线光电子能谱（XPS）进行表面元素价态分析。使用示差扫描量热法（DSC）观察材料在相变点的热效应；使用振动样品磁强计（VSM）测量高温热磁曲线（M-T）；使用超导量子干涉仪（SQUID）测量一定外磁场强度（即外场）下的场冷（FC）和零场冷（ZFC）磁化曲线。

使用 Rigaku D/Max 2550 V/PC 型 X 射线衍射仪，铜靶 Kα 射线源，λ=1.5418Å，管电压 40kV，管电流 200mA，扫描速度 4°/min、1°/min，步长 0.02°/step（步），扫描范围根据具体试样确定。使用 Accelrys MS Modeling 工作站对慢扫样品的 XRD 数据进行 Rietveld 或 Pawley 精修。

使用 JEOL JSM-6700F 型扫描电子显微镜对试样进行微观形貌观察。先将导电胶粘在铜片或铝片上，然后将试样附着在导电胶上，并使用 KYKY SBC-12 型喷金仪对试样表面进行喷金。另外使用扫描电子显微镜的附件 X 射线能谱仪进行成分分析。

使用示差扫描量热法（DSC）观察材料在相变点的热效应；使用振动样品磁强计（VSM）测量高温热磁曲线（M-T）；使用 MPMS-XL 型超导量子干涉仪（SQUID）测量试样在一定温度范围内和一定外磁场强度下的零场冷（ZFC）和场冷（FC）磁化曲线（M-T 曲线）。

3.3 稀土正铁氧体 $RFeO_3$ 的晶体结构与微观形貌

3.3.1 稀土正铁氧体 $RFeO_3$ 的晶体结构

图 3-1(a) 给出了反应温度为 240℃、碱度为 20mol/L、反应时间为 48h 条件下水热合成产物的 XRD 图谱。从图中可以看出，各图谱的衍射强度都比较高且衍射峰形都很尖锐，表明产物具有高的结晶度。对 XRD 衍射数据进行指标化，结果表明所有试样均为正交结构，空间群为 Pbnm。对 12 个试样的 XRD 数据进行了 Rietveld 精修。图 3-1(b) 给出了作为典型代表的 $PrFeO_3$ 的原始 XRD 图谱和 Rietveld 精修图。

表 3-2 给出了各化合物的晶胞参数、晶胞体积、原子占位、可靠性因子、选择性键长与键角等信息。晶胞参数和晶胞体积随稀土离子有效半径（以下也称稀土离子半径）$r_{R^{3+}}$（稀土离子有效半径 $r_{R^{3+}}$ 采用九配位值）的变化关系如图 3-2 所示。从图 3-2 中可以看出，晶胞参数 b 基本保持不变，但是晶胞参数 a、c 和晶胞体积 V 随着稀土离子半径 $r_{R^{3+}}$ 的减小而减小，归因于"镧系收缩"。晶胞参数和晶胞体积的上述变化也与其钙钛矿结构的晶格畸变从 $PrFeO_3$ 到 $LuFeO_3$ 依次增大相关。晶体结构的畸变程度随着稀土离子半径 $r_{R^{3+}}$ 的减小而增大，并可以通过几何参数进行估算。表 3-3 给出了表征 $RFeO_3$ 晶体结构的一些几何参数，如容忍因子 t，正交畸变 D，FeO_6 八面体倾斜角 φ_1、φ_2 及平均倾斜角 $\langle\varphi\rangle$ 等的计算结果。正交畸变 D 随着稀土离子半径 $r_{R^{3+}}$ 的减小而增大，而相应的容忍因子 t 则减小，都显示晶格畸变程度随着稀土离子半径 $r_{R^{3+}}$ 的减小而增大。容忍因子小于 1 也意味着 FeO_6 八面体在晶格矩阵中必须倾斜以自我容纳。正交结构中的两个 Fe-O-Fe 键角 θ_1 和 θ_2 均不再是 180°，是由 FeO_6 八面体沿赝立方 $\langle 111 \rangle$ 方向发生倾斜所致。平

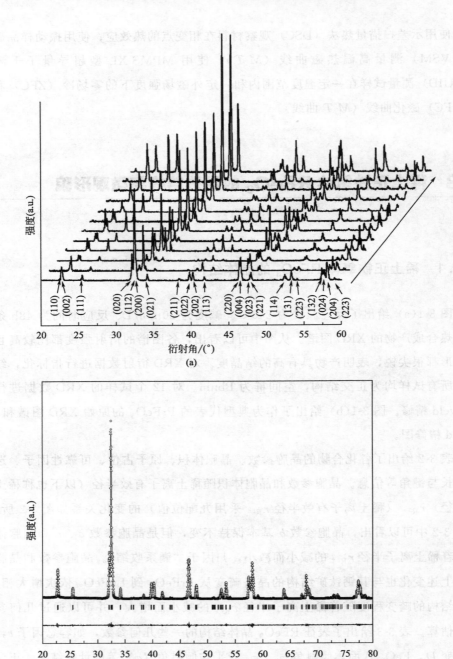

图 3-1 水热合成稀土正铁氧体 $RFeO_3$（沿箭头方向从 $PrFeO_3$ 到 $LuFeO_3$）的 XRD 图谱（a）和 $PrFeO_3$ 的原始 XRD 图谱、Rietveld 精修图（b）
测量值（○）；计算值（—△—）；布拉格衍射角（竖线）；差异（竖线下方）

第3章 稀土正铁氧体 $RFeO_3$ 的水热合成与磁相变

均倾斜角 $\langle\varphi\rangle$ 是通过两个倾斜角 φ_1 和 φ_2 计算得出的,而这两个倾斜角 φ_1 和 φ_2 是根据 O'Keefe 和 Hyde 给出的几何关系和超交换角 $\theta_1 =$ Fe-O(1)-Fe、$\theta_2 =$ Fe-O(2)-Fe 计算得出的[227]。两个超交换角 θ_1 与 θ_2 和 FeO_6 八面体的倾斜角 φ_1 与 φ_2 及平均倾斜角 $\langle\varphi\rangle$ 随着稀土离子半径 $r_{R^{3+}}$ 变化的关系如图 3-3 所示。两个超交换角 θ_1 和 θ_2 随着稀土离子半径 $r_{R^{3+}}$ 的减小而逐渐减小,而 FeO_6 八面体的倾斜角 φ_1 和 φ_2 及平均倾斜角 $\langle\varphi\rangle$ 则增加,均表示 FeO_6 八面体畸变程度随着稀土离子半径 $r_{R^{3+}}$ 的减小而增大。

表 3-2 通过 Rietveld 精修得出的 $RFeO_3$ 的晶胞参数、晶胞体积、原子占位和可靠性因子等

化合物		$PrFeO_3$	$NdFeO_3$	$SmFeO_3$	$EuFeO_3$	$GdFeO_3$	$TbFeO_3$
空间群		Pbnm	Pbnm	Pbnm	Pbnm	Pbnm	Pbnm
晶胞参数	a/Å	5.4781(1)	5.4532(1)	5.4011(3)	5.3756(1)	5.3534(2)	5.3220(1)
	b/Å	5.5695(1)	5.5890(1)	5.5980(2)	5.6112(1)	5.6191(1)	5.5926(1)
	c/Å	7.7805(1)	7.7677(2)	7.7110(2)	7.6900(1)	7.6823(1)	7.6384(1)
晶胞体积 V/Å³		237.4	236.7	233.1	232.0	231.1	227.3
R(x,y,0.25)(4c)	x	0.9909(1)	0.9893(3)	0.9847(1)	0.9855(5)	0.9844(5)	0.9840(3)
	y	0.0435(2)	0.0488(5)	0.0554(4)	0.0601(4)	0.0628(6)	0.0641(3)
Fe(0,0.5,0)(4b)							
O(1)(x,y,0.25)(4c)	x	0.0817(2)	0.0876(6)	0.0919(4)	0.0978(4)	0.1005(6)	0.1035(6)
	y	0.4788(1)	0.4759(7)	0.4734(7)	0.4680(3)	0.4672(8)	0.4640(7)
O(2)(x,y,z)(8d)	x	0.7075(1)	0.7052(5)	0.6965(7)	0.6977(3)	0.6957(5)	0.6950(4)
	y	0.2919(1)	0.2936(4)	0.3006(6)	0.3006(5)	0.3016(3)	0.3026(4)
	z	0.0437(1)	0.0462(4)	0.0449(7)	0.0506(4)	0.0506(4)	0.0538(3)
R_{wp}/%		8.75	9.15	9.23	8.91	10.34	8.09
R_p/%		6.95	7.56	7.10	7.12	8.03	5.38
选择性键长/Å	Fe-O(1)	1.999(1)	2.004(1)	1.996(1)	2.001(1)	2.003(2)	1.998(1)
	Fe-O(2)	2.013(3)	2.018(4)	2.020(2)	2.031(3)	2.030(4)	2.027(2)
	Fe-O(2)	2.006(2)	2.011(3)	2.013(2)	2.011(2)	2.012(4)	2.006(2)
选择性键角/(°)	$\theta_1 =$ Fe-O(1)-Fe	153.229	151.326	149.902	147.764	147.010	145.855
	$\theta_2 =$ Fe-O(2)-Fe	152.738	151.387	149.353	147.967	147.511	146.333
化合物		$DyFeO_3$	$HoFeO_3$	$ErFeO_3$	$TmFeO_3$	$YbFeO_3$	$LuFeO_3$
空间群		Pbnm	Pbnm	Pbnm	Pbnm	Pbnm	Pbnm

续表

化合物		$PrFeO_3$	$NdFeO_3$	$SmFeO_3$	$EuFeO_3$	$GdFeO_3$	$TbFeO_3$
晶胞参数	a/Å	5.3086(1)	5.2835(1)	5.2648(1)	5.2472(1)	5.2355(1)	5.2176(1)
	b/Å	5.6031(2)	5.5930(2)	5.5938(2)	5.5673(4)	5.5686(2)	5.5556(1)
	c/Å	7.6325(1)	7.6212(1)	7.6080(1)	7.5952(5)	7.5843(1)	7.5749(1)
晶胞体积 V/Å³		227.0	225.2	224.1	221.9	221.1	219.6
R(x,y,0.25)(4c)	x	0.9829(4)	0.9822(4)	0.9816(4)	0.9810(5)	0.9806(5)	0.9800(3)
	y	0.0665(4)	0.0680(5)	0.0691(4)	0.0690(4)	0.0708(5)	0.0715(5)
Fe(0,0.5,0)(4b)							
O(1)(x,y,0.25)(4c)	x	0.1060(8)	0.1091(4)	0.1137(7)	0.1148(8)	0.1169(8)	0.1199(9)
	y	0.4624(7)	0.4605(7)	0.4594(6)	0.4559(7)	0.4537(7)	0.4539(7)
O(2)(x,y,z)(8d)	x	0.6930(5)	0.6924(5)	0.6910(5)	0.6907(4)	0.6886(6)	0.6893(6)
	y	0.3049(5)	0.3052(5)	0.3059(5)	0.3057(6)	0.3077(5)	0.3071(4)
	z	0.0549(4)	0.0560(5)	0.0573(4)	0.0587(5)	0.0599(6)	0.0621(5)
R_{wp}/%		9.35	8.55	9.16	7.96	8.89	9.69
R_p/%		7.01	6.57	7.10	5.01	6.76	7.13
选择性键长/Å	Fe-O(1)	2.000(1)	2.003(2)	2.007(3)	2.007(2)	2.009(2)	2.011(2)
	Fe-O(2)	2.036(3)	2.032(3)	2.032(3)	2.024(3)	2.029(4)	2.029(3)
	Fe-O(2)	2.007(3)	2.003(3)	2.004(3)	2.001(3)	2.003(4)	2.000(4)
选择性键角/(°)	θ_1=Fe-O(1)-Fe	145.042	144.095	142.792	142.179	141.393	140.702
	θ_2=Fe-O(2)-Fe	145.384	144.907	144.227	143.764	142.830	142.365

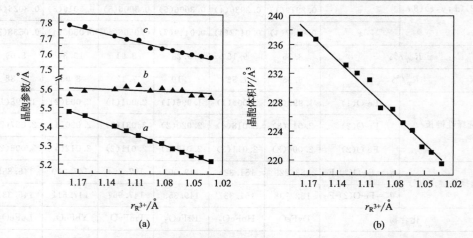

图 3-2 $RFeO_3$ 的晶胞参数 (a) 和晶胞体积 V (b) 随着稀土离子有效半径 $r_{R^{3+}}$ 的变化

表 3-3 表征 $RFeO_3$ 晶体结构的一些几何参数

$RFeO_3$	r_{R3+} /Å [①]	t [②]	D [③]	φ_1	φ_2	$\langle\varphi\rangle$ [④]
$PrFeO_3$	1.179	0.892	0.00663	16.249	16.776	16.512
$NdFeO_3$	1.163	0.886	0.00964	17.382	17.616	17.499
$SmFeO_3$	1.132	0.876	0.01381	18.226	18.884	18.555
$EuFeO_3$	1.120	0.871	0.01632	19.490	19.750	19.620
$GdFeO_3$	1.107	0.867	0.01823	19.934	20.036	19.985
$TbFeO_3$	1.095	0.863	0.01879	20.613	20.774	20.693
$DyFeO_3$	1.083	0.859	0.02035	21.090	21.369	21.230
$HoFeO_3$	1.072	0.855	0.02133	21.644	21.669	21.656
$ErFeO_3$	1.062	0.851	0.02200	22.405	22.096	22.250
$TmFeO_3$	1.052	0.848	0.02130	22.762	22.387	22.574
$YbFeO_3$	1.042	0.844	0.02214	23.218	22.976	23.097
$LuFeO_3$	1.032	0.841	0.02242	23.620	23.269	23.444

① r_{R3+} 是九配位稀土离子半径[180]。

② t 是容忍因子，$t=(r_R+r_O)/[\sqrt{2}(r_{Fe}+r_O)]$；$r_R$、$r_O$ 和 r_{Fe} 分别是 R^{3+}，O^{2-} 和 Fe^{3+} 的离子半径。

③ D 是正交畸变，$D=(1/3)\sum_i |a_i-\langle a\rangle|/\langle a\rangle$，$a_i$ 是晶胞参数 a、c 和 $b/\sqrt{2}$，$\langle a\rangle=(abc/\sqrt{2})^{(1/3)}$。

④ FeO_6 八面体沿赝立方 $\langle 111\rangle$ 方向的倾斜角平均值 $\langle\varphi\rangle$，其值通过两个倾斜角 φ_1 和 φ_2 平均求得，而 φ_1 和 φ_2 通过两个超交换角 θ_1 和 θ_2 获得，$\cos\theta_1=\dfrac{2-5\cos\varphi_1^2}{2+\cos\varphi_1^2}$，$\cos\theta_2=\dfrac{1-4\cos\varphi_2^2}{3}$。

3.3.2 稀土正铁氧体 $RFeO_3$ 的微观形貌

图 3-4 给出了在相同条件（反应温度 240℃，碱度 20mol/L，反应时间 48h）下水热合成的稀土正铁氧体 $RFeO_3$ 的 SEM 照片。从图中可以看出，$RFeO_3$（R=Pr，Nd，Sm，Eu，Gd 和 Tb）为粒径 10～20μm 的规则块体。$RFeO_3$（R=Dy，Ho，Er，Tm，Yb 和 Lu）是由片状晶体堆垛组成的 20～30μm 的多晶体。晶体的形貌特征可以通过研究其生长机制来解释，因为形貌的形成过程本质上是晶体生长的过程。晶体生长过程是生长单元在晶粒生长界面上不断沉积的过

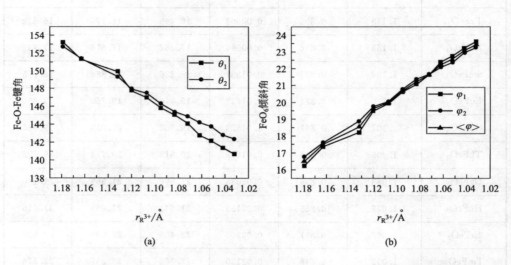

图 3-3 稀土离子半径 $r_{R^{3+}}$ 对两个 Fe-O-Fe 键角和 FeO$_6$ 八面体倾斜角的影响

程。因此，晶体生长界面的特性和生长单元在界面上的沉积速率都会有效地影响最终产物的形貌和尺寸。在研究导致水热产物 RFeO$_3$ 具有不同形貌的生长机制时，矿化剂的影响应当首先受到关注，因为它对晶体生长界面的特性和生长单元在界面上的沉积速率有重要影响。正如讨论所指出的，大半径稀土元素一般需要相对高的碱度以形成纯相正铁氧体 RFeO$_3$。我们推测，这是由于稀土氢氧化物在氢氧化钾溶液中的溶解性不同造成的。在相同的初始碱度条件下，体系在较短时间内形成大量多羟基基团后，RFeO$_3$（R=Pr，Nd，Sm，Eu，Gd 和 Tb）体系中剩余 OH$^-$ 浓度低于 RFeO$_3$（R=Dy，Ho，Er，Tm，Yb 和 Lu）体系中剩余 OH$^-$ 浓度。因此，RFeO$_3$（R=Dy，Ho，Er，Tm，Yb 和 Lu）晶核在一定的生长界面吸附的 OH$^-$ 浓度大于 RFeO$_3$（R=Pr，Nd，Sm，Eu，Gd 和 Tb）晶核吸附的 OH$^-$ 浓度。生长界面吸附的 OH$^-$ 由于带负电的原因会抑制生长单元在这些界面上的沉积，因此在这些界面的法线方向上晶体的生长受到抑制。另外，由于 OH$^-$ 浓度越大，体系黏滞性越大，生长基元扩散也会受到影响，成核和生长过程中大量消耗的 R^{3+} 和 Fe^{3+} 源得不到及时的补充，使得到的晶体尺寸较小并以片状晶体呈现出来。

图 3-4 水热合成 $RFeO_3$ 的 SEM 照片

(a) $PrFeO_3$；(b) $NdFeO_3$；(c) $SmFeO_3$；(d) $EuFeO_3$；(e) $GdFeO_3$；(f) $TbFeO_3$；
(g) $DyFeO_3$；(h) $HoFeO_3$；(i) $ErFeO_3$；(j) $TmFeO_3$；(k) $YbFeO_3$；(l) $LuFeO_3$

3.4 稀土正铁氧体 $RFeO_3$ 的水热合成机制

3.4.1 水热合成工艺参数对晶体生成的影响

稀土正铁氧体 $RFeO_3$ 的成核和晶体生长受控于水热反应中的众多条件。其中起主导作用的条件有介质碱度、反应温度和反应时间。图 3-5 给出了碱度、反应温度和反应时间对生成不同半径稀土正铁氧体 $RFeO_3$ 的影响（稀土离子半径 $r_{R^{3+}}$ 采用九配位值）。

在水热合成反应中，碱通常被用做矿化剂[228]。为了研究碱度对水热条件下合成正铁氧体 $RFeO_3$ 的影响，我们将反应温度和反应时间分别固定在 240℃ 和 48h，使碱度在 2~44mol/L 之间变化，结果如图 3-5(a) 所示。纯单相正铁氧体 $RFeO_3$ 晶体能在很宽范围的碱度条件下生成（线 1 以上），但是最低临界碱度（黑点）对于不同的稀土离子是不同的。这可能是因为不同稀土元素的氢氧化物 $R(OH)_3$ 在 KOH 溶液中具有不同的溶解度所致。从图 3-5(a) 中可以看出，当碱度低于线 2 时完全没有正铁氧体 $RFeO_3$ 生成，其产物主要成分通过 X 射线衍射确定为 $R(OH)_3$ 和 Fe_2O_3。在线 2 和线 1 之间的碱度条件下，有正铁氧体 $RFeO_3$ 生成但不是纯相，其晶体产物成分也不尽相同。对于 R 为 Sm、Eu、Tb 和 Dy，产物为 $R(OH)_3$、Fe_2O_3、$RFeO_3$ 与 $R_3Fe_5O_{12}$ 的混合物；对于 R 为 Pr、Nd、Gd、Ho、Er、Tm、Yb 和 Lu，产物为 $R(OH)_3$、Fe_2O_3 和 $RFeO_3$ 的混合物。高于线 1，晶体产物为纯相的稀土正铁氧体 $RFeO_3$。从图 3-5(a) 中我们发现，形成纯相大半径稀土正铁氧体一般需要的碱度高一些，其中生成纯相 $GdFeO_3$ 需要的碱度最高。

以 $SmFeO_3$ 作为代表，图 3-6 给出了在不同碱度下合成产物的 XRD 图谱。从图中可以看出，当碱度为 3mol/L 时，其产物为 $Sm(OH)_3$ 和 Fe_2O_3；当碱度为 5mol/L 时，其产物中开始有 $SmFeO_3$ 出现，只是含量非常少，产物主要还是 $Sm(OH)_3$ 和 Fe_2O_3；当碱度为 14mol/L 时，产物为纯单相 $SmFeO_3$。

我们使用溶解-沉淀机制来尝试描述水热反应中 $RFeO_3$ 的成核和生长机制。在

第3章 稀土正铁氧体 RFeO₃ 的水热合成与磁相变

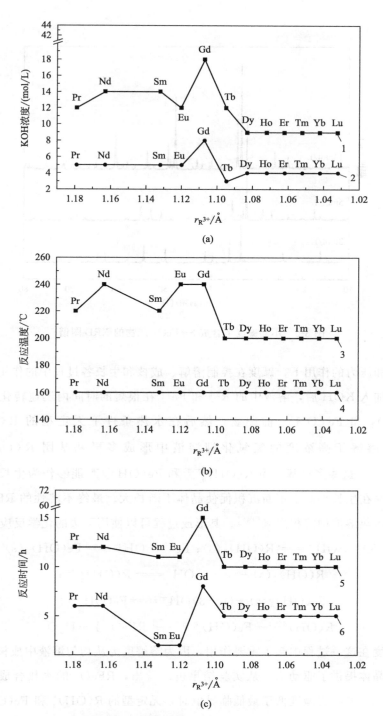

图 3-5 水热反应条件对生成不同半径稀土正铁氧体 RFeO 的影响

(a) 碱度；(b) 反应温度；(c) 反应时间

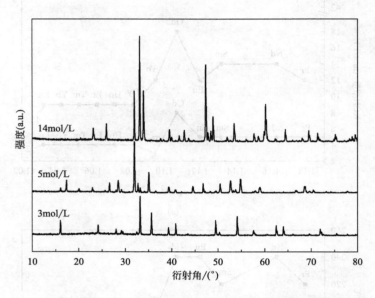

图 3-6 不同碱度下合成 $SmFeO_3$ 产物的 XRD 图谱

一定温度和压力的作用下,碱度在控制溶解、成核和生长各过程中的作用是非常重要的。在加入 KOH 后,溶液中的 R^{3+} 和 Fe^{3+} 在很短的时间内迅速转化为无定型的 $R(OH)_3$ 和 $Fe(OH)_3$ 前驱物,然后在水热条件下无定型的 $R(OH)_3$ 和 $Fe(OH)_3$ 溶解于高浓度的氢氧化钾溶液中形成多羟基基团 $R(OH)_n^{3-n}$ 和 $Fe(OH)_n^{3-n}$。这些多羟基基团 $R(OH)_n^{3-n}$ 和 $Fe(OH)_n^{3-n}$ 能够作为生长基元脱水形成晶核并在生长界面上不断沉积促使晶体不断长大。最终不溶性的 $RFeO_3$ 晶粒从超饱和水热溶液中沉积出来[181]。其形成过程可以使用下边的化学反应描述:

$$R^{3+} + OH^- \rightleftharpoons R(OH)_3(s); Fe^{3+} + OH^- \rightleftharpoons Fe(OH)_3(s) \quad (1)$$

$$R(OH)_3(s) + (n-3)OH^- \rightleftharpoons R(OH)_n^{3-n};$$
$$Fe(OH)_3(s) + (n-3)OH^- \rightleftharpoons Fe(OH)_n^{3-n} \quad (2)$$

$$R(OH)_n^{3-n} + Fe(OH)_n^{3-n} \longrightarrow RFeO_3 \downarrow + H_2O \quad (3)$$

溶解度在这一过程中起了重要作用,因为溶解度为从均匀溶液中成核和进一步生长成为晶体提供了驱动力。从实验结果也已看出,$RFeO_3$ 的水热合成反应对碱度是非常敏感的。当碱度低于最低临界值时,无定型的 $R(OH)_3$ 和 $Fe(OH)_3$ 不溶解或者溶解不充分,不能生成 $RFeO_3$ 而主要结晶成 $R(OH)_3$ 和 Fe_2O_3 晶体。稀土正铁氧体的成核依赖于 R 和 Fe 前驱体的有效溶解。总之,高碱度利于稀土正铁氧

体 $RFeO_3$ 的形成。

图 3-5(b) 显示了反应温度对生成稀土正铁氧体 $RFeO_3$ 的影响（反应时间和碱度分别定为 48h 和 20mol/L）。如图 3-5(b) 所示，反应温度低于 160℃（线 4 以下）时没有正铁氧体 $RFeO_3$ 生成。在线 4 和线 3 之间，有正铁氧体 $RFeO_3$ 生成但不是纯相，其产物成分也不尽相同。对于 R 为 Sm、Eu、Tb 和 Dy，产物为 $R(OH)_3$、Fe_2O_3、$RFeO_3$ 与 $R_3Fe_5O_{12}$ 的混合物；对于 R 为 Pr、Nd、Gd、Ho、Er、Tm、Yb 和 Lu，产物为 $R(OH)_3$、Fe_2O_3 和 $RFeO_3$。高于线 3，晶体产物为纯相稀土正铁氧体 $RFeO_3$。从图 3-5(b) 中也可以发现，形成纯相大半径稀土正铁氧体 $RFeO_3$ 需要相对更高的反应温度。

图 3-5(c) 显示了反应时间对形成稀土正铁氧体 $RFeO_3$ 的影响（反应温度和碱度分别定为 240℃ 和 20mol/L）。如图 3-5(c) 所示，当反应时间小于最小临界值（线 6 以下）时，没有正铁氧体 $RFeO_3$ 生成。在线 6 和线 5 之间，有正铁氧体 $RFeO_3$ 生成但不是纯相，其产物成分也不尽相同。对于 R 为 Sm、Eu、Tb 和 Dy，产物为 $R(OH)_3$、Fe_2O_3、$RFeO_3$ 与 $R_3Fe_5O_{12}$ 的混合物；对于 R 为 Pr、Nd、Gd、Ho、Er、Tm、Yb 和 Lu，产物为 $R(OH)_3$、Fe_2O_3 和 $RFeO_3$。高于线 5，晶体产物为纯相稀土正铁氧体 $RFeO_3$。从图 3-5(c) 也可以发现，形成纯相大半径稀土正铁氧体 $RFeO_3$ 需要相对更长的反应时间。实验结果显示，相对高的反应温度、介质碱度和相对长的反应时间有利于稀土正铁氧体 $RFeO_3$ 的生成，产物生成过程受热力学和动力学机制控制。

前文通过热力学分析认为大半径稀土正铁氧体 $RFeO_3$ 的形成相对容易一些。但本实验显示，水热条件下大半径稀土正铁氧体 $RFeO_3$ 纯相的生成需要相对更高的反应温度、更高的碱度和更长的反应时间。我们认为，可能是因为不同稀土元素的无定型氢氧化物在 KOH 溶液中的溶解度不同造成的，大半径稀土无定型氢氧化物 $R(OH)_3$ 的溶解度小于小半径稀土无定型氢氧化物 $R(OH)_3$ 的溶解度，特别是 $Gd(OH)_3$ 的溶解度最小。而且，在稀土正铁氧体 $RFeO_3$ 的成核和生长过程中，稀土氢氧化物 $R(OH)_3$ 在 KOH 溶液中的溶解度所起的作用大于稀土离子半径 $r_{R^{3+}}$ 在热力学上所起的作用。前文通过热力学讨论的是高温条件下的反应，而本实验条件是低温水热，实验结果有差异也正说明了不同反应条件下的反应机理存在不同之处，也暗示可以通过改变反应方法获取新的发现，正如本文所述，通过低温水热技术合成了高温法不能或难以合成的稀土正铁氧体 $RFeO_3$（R 为 Pr、Nd、Sm、Eu、Gd、Tb、Dy、Ho、Er、Tm、Yb 和 Lu）单相晶体产物。

3.4.2 水热合成机制对晶体微观形貌的解释

$RFeO_3$（R 为 Dy、Ho、Er、Tm、Yb 和 Lu）片晶堆垛生长过程可用图 3-7 简单描述。小尺寸的片状晶体由于比表面积大、表面自由能高而堆垛在一起形成最后的多晶形貌。$RFeO_3$（R 为 Dy、Ho、Er、Tm、Yb 和 Lu）的晶体生长经历了一个"溶解→均相成核→片状晶体生长→晶体堆垛"过程。与此相反，对于 $RFeO_3$（R 为 Pr、Nd、Sm、Eu、Gd 和 Tb），体系在较短时间内形成大量的多羟基基团后剩余 OH^- 的浓度相对较低，生长基元和小晶核在 x 轴、y 轴和 z 轴方向几乎以相同的速率均匀沉积和生长，体系黏滞系数降低也促进了生长基元扩散以补充消耗的 R^{3+} 和 Fe^{3+} 源，最终促使块体单晶颗粒的生成。

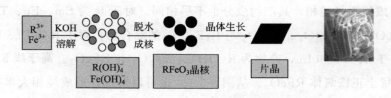

图 3-7　$RFeO_3$（R 为 Dy、Ho、Er、Tm、Yb 和 Lu）片状晶体及其堆垛的形成过程示意图

3.5　稀土正铁氧体 $RFeO_3$ 的磁相变

3.5.1　Fe 的反铁磁转变

由于稀土正铁氧体 $RFeO_3$ 中同时存在着 R^{3+} 和 Fe^{3+} 两种磁性离子，其磁性来源于 Fe^{3+} 和 R^{3+} 双方的贡献，两种磁性离子间存在间接交换作用，各单离子具有各向异性[229]，所以稀土正铁氧体 $RFeO_3$ 的磁行为更为丰富和复杂。在 $RFeO_3$ 中，每个 Fe^{3+} 被六个 O^{2-} 包围形成一个 FeO_6 八面体，O^{2-} 作为两个邻近八面体

第3章 稀土正铁氧体 RFeO₃ 的水热合成与磁相变

的共同顶点，起到了超交换媒介的作用。Fe^{3+}-O^{2-}-Fe^{3+} 之间的反铁磁（AFM）超交换作用非常强，导致其由顺磁到反铁磁的转变即反铁磁转变温度（也称反铁磁奈尔温度）T_{N1} 在高温区出现。示差扫描量热法（DSC）是一种具有较高灵敏度的热分析方法，测量的是样品和参比物之间的热功率差。从顺磁到反铁磁的转变伴随着比热容的变化，因此其 DSC 热流曲线上应当有峰值出现。图 3-8 给出了稀土正铁氧体 $RFeO_3$（R 为 Pr、Nd、Sm、Eu、Gd、Tb、Dy、Ho、Er、Tm、Yb 和 Lu）在 580～

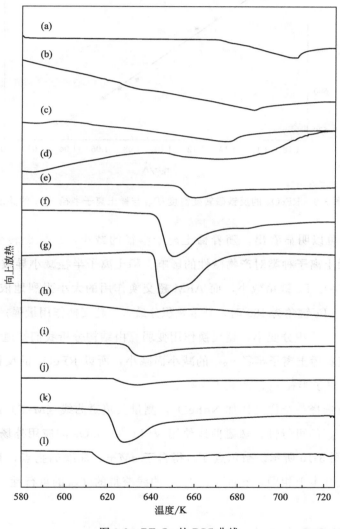

图 3-8　$RFeO_3$ 的 DSC 曲线

(a) $PrFeO_3$；(b) $NdFeO_3$；(c) $SmFeO_3$；(d) $EuFeO_3$；(e) $GdFeO_3$；(f) $TbFeO_3$；
(g) $DyFeO_3$；(h) $HoFeO_3$；(i) $ErFeO_3$；(j) $TmFeO_3$；(k) $YbFeO_3$；(l) $LuFeO_3$

730K 区间的 DSC 曲线。每一个 $RFeO_3$ 样品的热流曲线上都出现一个可见峰，显示样品的长程有序发生了转变，相应峰对应的温度可以看作是反铁磁奈尔温度 (T_{N1})[230]。图 3-9 给出了反铁磁转变温度 T_{N1} 与稀土离子半径 $r_{R^{3+}}$ 的关系曲线。

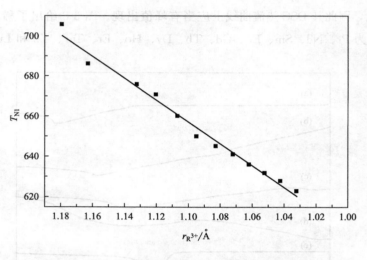

图 3-9　$RFeO_3$ 的反铁磁转变温度 T_{N1} 与稀土离子半径 $r_{R^{3+}}$ 的关系

从图 3-9 可以明显看出，随着稀土离子半径的减小，反铁磁转变温度 T_{N1} 降低，显示了稀土离子种类对产物磁性的影响。稀土离子半径减小导致 FeO_6 八面体倾斜增大和 Fe-O-Fe 键角减小，而 AFM 超交换作用的大小强烈地依赖于 Fe-O-Fe 键角。当 Fe-O-Fe 键角为 180° 时，其重叠积分最大，超交换作用最强；随着 Fe-O-Fe 键角的减小，重叠积分变小，超交换作用变弱。由结构分析我们知道，两个超交换角 θ_1 和 θ_2 随着稀土离子半径 $r_{R^{3+}}$ 的减小而减小，所以 $RFeO_3$ 的反铁磁转变温度 T_{N1} 随着稀土离子半径 $r_{R^{3+}}$ 的减小而降低。

我们随机选择一个样品比如 $NdFeO_3$，测量其热磁曲线（M-T）以检验由 DSC 曲线获得的 T_{N1} 的可行性。热磁曲线使用 VSM 在 100Oe 的应用外场下从 373K 测到 773K，如图 3-10 所示。奈尔点 T_{N1} 得自于 dM-dT 曲线的拐点，其值与从 DSC 曲线得到的值基本上相同，验证了由 DSC 曲线获得的 T_{N1} 的可行性。

3.5.2　自旋重取向转变

在低于反铁磁奈尔温度 T_{N1} 时，Dzyaloshinskii-Moriya 反对称交换作用使近邻

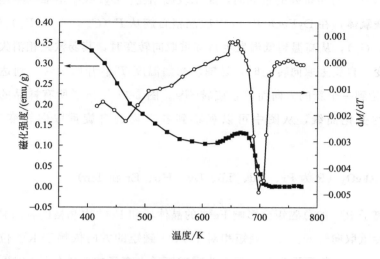

图 3-10 NdFeO$_3$ 的 M-T 曲线（H=100Oe）

Fe^{3+} 的磁矩没有完全反平行，而存在一个小的倾斜角[56,231]。因此，两个次晶格的反铁磁自旋倾斜使一些 RFeO$_3$ 显示弱铁磁性[232]。随着温度的进一步降低，体系经历了一个自旋重取向转变。有文献研究指出，在 RFeO$_3$ 中自旋重取向转变的机理是：在某一温度范围，当温度降低时稀土离子的磁矩开始有序化，当稀土离子自旋有序到达一定程度时，在某一个方向上 R-Fe 相互作用强于原来方向上的 Fe-Fe 相互作用，从而导致 Fe^{3+} 次晶格的自旋方向改变。另外，在 RFeO$_3$ 中，稀土离子磁矩会影响 Fe^{3+} 的晶体场与其次晶格的各向异性能。这些因素能驱动自旋重取向转变，所以稀土离子将影响自旋重取向。在自旋重取向转变温度/温区（T_{SR2}~T_{SR1}），净磁矩的方向将持续或者突然从一个晶轴转向另一个晶轴。比如，平行于 c 轴的 Fe^{3+} 自旋从 T_{SR2} 开始转向，到 T_{SR1} 时停止并平行于 a 轴[153]。根据晶体对称性，在 RFeO$_3$ 中有三个允许的 Fe^{3+} 自旋构型，标为 $\Gamma_4(G_x, A_y, F_z)$，$\Gamma_2(F_x, C_y, G_z)$ 和 $\Gamma_1(A_x, G_y, C_z)$[153]。这里 G、C、A 和 F 是 Bertaut 符号，G 是反铁磁矢量，C 和 A 是弱的反铁磁矢量、F 是铁磁矢量[233]。$\Gamma_1(A_x, G_y, C_z)$ 构型不显示净磁矩，$\Gamma_2(F_x, C_y, G_z)$ 和 $\Gamma_4(G_x, A_y, F_z)$ 构型分别在 x 轴和 z 轴显示弱铁磁矩。依据 R 的不同，自旋构型随温度降低从 $\Gamma_4(G_x, A_y, F_z)$ 构型转变为 $\Gamma_2(F_x, C_y, G_z)$ 或者 $\Gamma_1(A_x, G_y, C_z)$ 构型。在大多数稀土正铁氧体中，当自旋重取向发生时，其自旋构型从高温 $\Gamma_4(G_x, A_y, F_z)$ 相经历中间倾斜相 Γ_{24} 后转变为低温 $\Gamma_2(F_x, C_y, G_z)$ 相，体系中 Fe^{3+} 的自旋重取向是 F 型铁磁有序排列的重取向,属二级磁相变。DyFeO$_3$ 是唯一不遵守此规则的稀土正铁氧体,在 DyFeO$_3$ 中 Fe^{3+} 次晶格自旋从 $\Gamma_4(G_x, A_y, F_z)$ 转变为 Γ_1(A_x, G_y, C_z),从高温到低温发生自旋重取向转变时,其弱铁磁相消失了,属于一级磁相变。自旋重取向转变时,易轴从初始温度 T_{SR2} 开始旋转,到达另一个温度 T_{SR1} 时达到一个新的方向而停止旋转[234]。图 3-11 给出了所有样品的磁化率倒数随温度的变化曲线,从图中可以观察到各产物的自旋重取向转变温度 T_{SR2} 和 T_{SR1}。

3.5.2.1　RFeO$_3$（R 为 Pr、Nd、Tb、Dy、Ho、Er 和 Tm)

稀土离子 R^{3+} 的总磁矩会影响 Fe^{3+} 的晶体场和 Fe^{3+} 次晶格的各向异性能,从而驱动自旋重取向转变。R^{3+} 磁矩相对于 Fe^{3+} 磁矩的方向依赖于 R^{3+} 位置有效磁场的性质。自发自旋重取向只出现在非零磁矩稀土离子的正铁氧体中[235]。本实验工作中观察到了稀土正铁氧体 RFeO$_3$ (R 为 Pr、Nd、Tb、Dy、Ho、Er 和 Tm) 的自发自旋重取向,其 T_{SR1}～T_{SR2} 温度范围分别为 140～201K、70～150K、45～126K、50～75K、60～70K、76～93K 和 38～85K。PrFeO$_3$、NdFeO$_3$ 和 TbFeO$_3$ 的自旋重取向温度稍高且区间（$\Delta T = T_{SR2} - T_{SR1}$）稍宽一些。与之相反,DyFeO$_3$、HoFeO$_3$、ErFeO$_3$ 和 TmFeO$_3$ 的自旋重取向温度相对要低并且区间（$\Delta T = T_{SR2} - T_{SR1}$）相对窄一些,尤其是 HoFeO$_3$ 显示了最窄的温度区间 $\Delta T =$ 10K,而且在磁化率倒数的温度曲线上,HoFeO$_3$ 的 T_{SR1} 和 T_{SR2} 同其他化合物相比并不明显,但在 dM-dT 曲线上则要明显很多。我们推测,这是因为稀土离子电子云形状诱导 Fe^{3+} 次晶格各向异性能发生了改变[133]。

3.5.2.2　SmFeO$_3$ 和 GdFeO$_3$

文献报道 SmFeO$_3$ 在 480K 的较高温下才会发生自旋重取向[148],GdFeO$_3$ 需沿着 a 轴施加 6T 的应用外磁场才能发生自旋重取向[236]。因此,在本实验工作中未观察到 SmFeO$_3$ 和 GdFeO$_3$ 的自旋重取向转变。

3.5.2.3　EuFeO$_3$ 和 LuFeO$_3$

Eu^{3+} 和 Lu^{3+} 没有局域磁矩,在 EuFeO$_3$ 和 LuFeO$_3$ 中不能发生自旋重取向转变[235]。图 3-12 给出了本实验制备样品的零场冷 (ZFC) 和场冷 (FC) 磁化强度曲线。EuFeO$_3$ 和 LuFeO$_3$ 的 ZFC 曲线分别于 40K 和 118K 时显示了一个转变信

第3章 稀土正铁氧体 RFeO₃ 的水热合成与磁相变

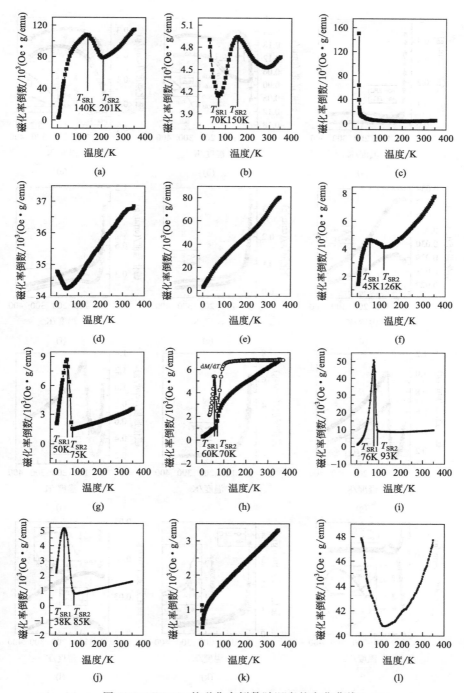

图 3-11 RFeO₃ 的磁化率倒数随温度的变化曲线

(a) PrFeO₃; (b) NdFeO₃; (c) SmFeO₃; (d) EuFeO₃; (e) GdFeO₃; (f) TbFeO₃;
(g) DyFeO₃; (h) HoFeO₃; (i) ErFeO₃; (j) TmFeO₃; (k) YbFeO₃; (l) LuFeO₃

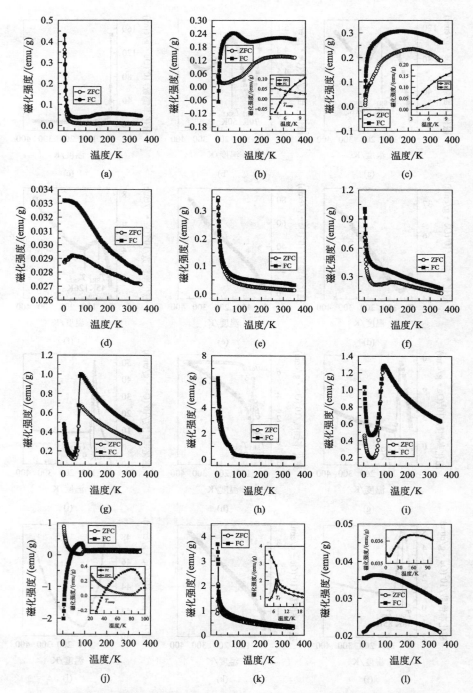

图 3-12 RFeO$_3$ 在 100Oe 磁场下 4~350K 范围内的零场冷和场冷磁化强度曲线

(a) PrFeO$_3$; (b) NdFeO$_3$; (c) SmFeO$_3$; (d) EuFeO$_3$; (e) GdFeO$_3$; (f) TbFeO$_3$;
(g) DyFeO$_3$; (h) HoFeO$_3$; (i) TmFeO$_3$; (j) ErFeO$_3$; (k) YbFeO$_3$; (l) LuFeO$_3$

号,并且 LuFeO$_3$ 的 FC 曲线显示随着温度的降低磁化强度从 52K 开始减小并在 7K 达到最小值,然后又开始增加。自旋重取向可能出现在 EuFeO$_3$ 和 LuFeO$_3$ 中,正如在水热制备的 YFeO$_3$[173] 中也观察到了自旋重取向转变。文献报道中的样品一般是通过高温固相法烧结 R$_2$O$_3$ 和 Fe$_2$O$_3$ 混合物合成的[237,238],而在本实验工作中是采用水热法合成的。众所周知,不同方法合成的样品可能具有不同的形貌、尺寸、缺陷、表面态等,而表面经常被认为是自旋电子学和量子信息应用的出色平台[81-84],在某些正铁氧体中自旋重取向只出现在表面层[239]。所以,我们认为在水热合成的 EuFeO$_3$ 和 LuFeO$_3$ 中有可能出现自旋重取向转变。

3.5.2.4 YbFeO$_3$

曾有报道称,在 YbFeO$_3$ 中存在一个狭窄的自旋重取向转变温度区间 6.55～7.83K[240]。本实验中未观察到其自旋重取向转变,可能是由于其易轴的随机分布导致的,但其 ZFC 曲线的尖峰显示了自旋玻璃行为,冻结温度(T_f)在 7K 时出现。在 YbFeO$_3$ 中,Yb^{3+} 和 Fe^{3+} 的相互作用能破坏了 Fe^{3+} 的长程磁有序,导致了磁无序态和易轴的无序分布[241]。

3.5.3 磁化强度反转

稀土离子磁矩和净的 Fe 离子磁矩之间能以平行或反平行的方式来极化。图 3-12 给出了样品的 ZFC 和 FC 磁化强度曲线。在相对低的温度下,样品 PrFeO$_3$、NdFeO$_3$、SmFeO$_3$、GdFeO$_3$、TbFeO$_3$、DyFeO$_3$、HoFeO$_3$、TmFeO$_3$、ErFeO$_3$ 和 YbFeO$_3$ 的磁化强度值随着温度的降低显示了剧烈增加或减小,这是由稀土离子 R^{3+} 磁矩引起的。对于 EuFeO$_3$ 和 LuFeO$_3$,由于 Eu^{3+} 和 Lu^{3+} 没有局域磁矩,低温磁化强度增加或减小缓慢。对于 PrFeO$_3$、GdFeO$_3$、TbFeO$_3$、DyFeO$_3$、HoFeO$_3$ 和 TmFeO$_3$,磁化强度随温度的降低而增加,暗示 R^{3+} 的磁矩平行于净的 Fe^{3+} 磁矩。与之相反,化合物 NdFeO$_3$ 和 SmFeO$_3$ 的磁化强度随温度的降低而减小,归因于 R^{3+} 自旋磁矩反平行于来自 Fe^{3+} 的净磁矩。当 R^{3+} 的磁矩反平行于 Fe^{3+} 的净磁矩时,就有可能出现 Fe^{3+} 和 R^{3+} 的磁矩大小相等、方向相反、总磁矩变为零的温度,此温度被称为补偿温度 T_{comp}。在 FC 条件下,随着温度的降低,NdFeO$_3$ 的总磁矩在 76K 时达到最大值,然后减小,最后补偿温度在 5.5K 出现,在 $T_{comp}=5.5K$ 以下磁化强度变为负值,即出现磁化强度反转。ErFeO$_3$ 与

NdFeO$_3$ 有相似的补偿现象,在 80K 时有一个最大的磁化强度值,补偿温度 T_{comp} 为 38K。本书所述工作中,没有在 SmFeO$_3$ 中观察到补偿现象,可能是由于应用外磁场较高所致[242]。

3.5.4 R 的反铁磁转变

在液氦温度附近,几个正铁氧体显示了自旋有序转变,这种有序是 R 离子从顺磁态向反铁磁态的转变,转变温度标记为 T_{N2}[243](下文也称磁有序温度)。R 离子有序一般伴随着有序的 Fe^{3+} 磁矩的重新取向(例如在 ErFeO$_3$ 中,Fe 离子在 $T=T_{N2}$ 时出现 $\Gamma_2 \to \Gamma_{12}$ 的重新取向[243])。这种自旋重新取向的驱动机制是 R-R 交换相互作用。我们测量了 RFeO$_3$(R 为 Tb、Dy、Ho、Er、Tm、Yb)在 2~7K 时的零场冷磁化强度曲线(M-T 曲线),如图 3-13 所示。观察到了

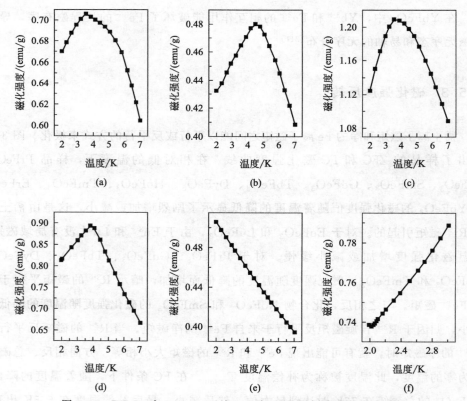

图 3-13 RFeO$_3$ 在 1000Oe 下从 2K 到 7K 的零场冷磁化强度曲线

(a) TbFeO$_3$;(b) DyFeO$_3$;(c) HoFeO$_3$;(d) ErFeO$_3$;(e) TmFeO$_3$;(f) YbFeO$_3$

$TbFeO_3$、$DyFeO_3$、$HoFeO_3$ 和 $ErFeO_3$ 中 Tb^{3+}、Dy^{3+}、Ho^{3+} 和 Er^{3+} 的反铁磁转变，分别于 3.5K、4.5K、3.8K 和 3.7K 时出现；未观察到 Tm^{3+} 和 Yb^{3+} 的有序转变。

如图 3-14 所示，依据样品的 ZFC 曲线给出了 4~10K 下的 dM/dT-T 关系图，$RFeO_3$（R 为 Pr、Sm、Tb、Dy、Ho 和 Er）在 dM/dT-T 曲线上显示了一个转变点，这个转变点是接近 R^{3+} 磁有序温度 T_{N2} 的信号。这是因为磁化强度随温度的变化率在 dM/dT-T 上的转变点温度以下开始变慢，低于转变点代表样品磁矩的增加或降低开始减缓，直到稀土正铁氧体 $RFeO_3$（R 为 Pr、Sm、Tb、Dy、Ho 和 Er）中 R^{3+} 磁有序温度 T_{N2} 出现。对于 $RFeO_3$（R 为 Tb、Dy、Ho 和 Er），其 dM/dT-T 结果符合 M-T 曲线给出的结果。虽然没有直接测量 $PrFeO_3$ 和 $SmFeO_3$ 在 2~7K 时的 M-T 曲线，但其 4~10K 的 dM/dT-T 图中出现转变点，我们推测在 $PrFeO_3$ 和 $SmFeO_3$ 中存在 R^{3+} 磁有序转变温度 T_{N2}。

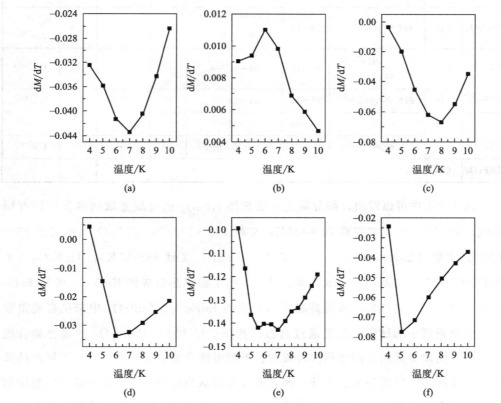

图 3-14　$RFeO_3$ 在 1000Oe 下从 4K 到 10K 的 dM/dT 随温度的变化曲线

(a) $PrFeO_3$；(b) $SmFeO_3$；(c) $TbFeO_3$；(d) $DyFeO_3$；(e) $HoFeO_3$；(f) $ErFeO_3$

我们将本实验中水热合成的稀土正铁氧体 $RFeO_3$ 的有序转变温度连同文献报道值一并列于表 3-4 中，做一比较。本实验中水热合成试样的 T_{N1}、T_{N2} 和 T_{comp} 值基本与文献报道相符，但自旋重取向转变温度 T_{SR} 与文献报道有所不同，这也暗示着合成方法在材料性质上起着重要的作用。

表 3-4 本实验观察到 $RFeO_3$ 的 T_{N1}、T_{SR}、T_{comp} 和 T_{N2} 与文献值的比较

化合物 $RFeO_3$	T_{N1}/K 本实验	T_{N1}/K 文献值	T_{SR}/K 本实验	T_{SR}/K 文献值	T_{comp}/K 本实验	T_{comp}/K 文献值	T_{N2}/K 本实验	T_{N2}/K 文献值
$PrFeO_3$	706	701[232]	140~201	—	—	—	—	—
$NdFeO_3$	686	697[152]	70~150	100~170[241]	5.5	7.6[249]	—	1.05[152]
$SmFeO_3$	676	670[148],675[152]	—	480[148],433[248]	—	5[242]	—	—
$EuFeO_3$	671	664[152]	—	—	—	—	—	—
$GdFeO_3$	660	650[214],663[152]	—	—	—	—	—	1.47[152]
$TbFeO_3$	650	650[246],652[152]	45~126	约 20[246]	—	—	3.5	3.2[246]
$DyFeO_3$	645	645[38],647[152]	50~75	约 70[221],55[250],60.1[223]	—	—	4.5	6.5[219],3.5[38]
$HoFeO_3$	641	661[245],644[152],647[247]	60~70	53~65[239]	—	—	3.8	4.1[245]
$ErFeO_3$	636	640[246],642[152]	76~93	88~97[244]	38	45[229]	3.7	4.1[244]
$TmFeO_3$	632	634[152]	38~85	80~95[235]	—	—	—	—
$YbFeO_3$	628	629[152]	—	6.55~7.83[240]	—	—	—	4.6[152]
$LuFeO_3$	623	628[158],627[152]	—	—	—	—	—	—

从表 3-4 中可以看出，部分稀土正铁氧体 $RFeO_3$ 的自旋重取向温度区间有所不同，如 $NdFeO_3$（本实验 70~150K，文献 100~170K），$TbFeO_3$（本实验 45~126K，文献约 20K），$ErFeO_3$（本实验 76~93K，文献 88~97K），$TmFeO_3$（本实验 38~85K，文献 80~95K）等。另外，本实验水热合成的 $EuFeO_3$ 和 $LuFeO_3$ 显示了自旋重取向迹象，传统高温方法合成的 $EuFeO_3$、$LuFeO_3$ 中未见自旋重取向。文献报道中的试样一般是通过高温固相法烧结 R_2O_3 和 Fe_2O_3 的混合物合成的，而本实验是采用低温水热法合成的。不同方法合成的试样可能具有不同的结晶态、晶体缺陷、界面和表面态等，而表面经常被认为是自旋电子学和量子信息应用的出色平台，在某些正铁氧体中自旋重取向只出现在表面层。我们推测，关于自旋重取向上的变化可能是由于表面态的差异造成的。表面态不同，各磁性离子周围的

晶格对称性和晶体场就会有所不同。自旋重取向源自磁性稀土离子与铁离子之间的交换相互作用，而这种交换相互作用对晶格对称性和晶体场具有很强的依赖性。虽然目前关于晶格对称性和晶体场对自旋重取向温度的量化影响还没有定论，但其影响关系已受到关注。Eu^{3+} 和 Lu^{3+} 没有局域（原子）磁矩，理论上不应出现自旋重取向，本实验观察到两者自旋重取向迹象应当归因于 Eu^{3+} 和 Lu^{3+} 的局域磁矩发生了变化。以 Eu^{3+} 为例，其 7 个简并的 $4f$ 轨道上有 6 个电子，按照洪特规则这 6 个电子应当是自旋平行排列的，Eu^{3+} 应当具有相当大的局域磁矩。但是，自旋、轨道、晶格之间复杂的相互作用使得 Eu^{3+} 的 6 个 $4f$ 电子是成对排列的，而使其没有局域磁矩。那么反过来，当材料表面的晶格对称性和晶体场发生变化后，自旋、轨道、晶格之间的作用也会发生变化，或许使原来成对排列的 6 个 $4f$ 电子中出现单电子排列而产生局域磁矩，进而与铁离子发生交换相互作用而导致自旋重取向出现。这一现象才刚刚发现，目前只能给出唯象解释。对其量化研究需建立在理论和实验手段进一步发展的基础上，我们今后在条件允许的情况下将作进一步深入研究。

3.6 稀土正铁氧体 $RFeO_3$ 的热稳定性

本实验中水热合成的亚稳相（如 $RFeO_3$ 等）在室温下长期放置而未见发生相变，甚至在室温上下较大的温度范围内（比如 4～300K，580～730K，373～773K 等）测试后仍未见发生相变，说明这些亚稳相在室温上下较大的温度范围内能够保持晶相稳定。近室温的工作条件正是多铁性材料研究者所追求的终极目标之一，材料能在这一温度范围内保持晶相稳定对多铁性材料的实用化是非常有利的。

为了更多地了解这些亚稳相的热稳定性，我们对其作了一定测试。选取水热合成的正交单相 $SmFeO_3$ 和 $TbFeO_3$ 为代表，于不同温度下煅烧一定时间，然后通过 XRD 测试分析有无相变发生，进而评价其热稳定性。由于在室温下长期放置后及在室温上下一定温度范围内测试后试样均未见相变发生，现在主要观察其在较高温度煅烧后是否发生相变。

图 3-15 给出了 $SmFeO_3$（a）和 $TbFeO_3$（b）在不同温度下煅烧后的 XRD 图

谱，从下到上依次为在 400℃、500℃、600℃、700℃、800℃、900℃和 1000℃下煅烧 12h 后的 XRD 图谱。

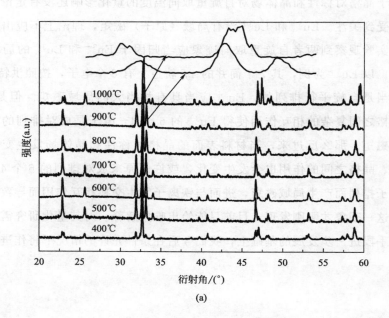

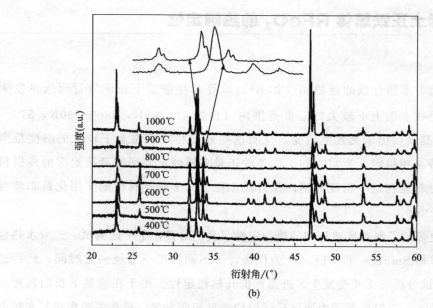

图 3-15 SmFeO$_3$（a）和 TbFeO$_3$（b）在不同温度下

煅烧 12h 后的 XRD 图谱

从图中可以看出，$SmFeO_3$ 和 $TbFeO_3$ 在 900℃ 及以下温度煅烧后，仍然保持正交结构，未见相变发生。1000℃ 煅烧后，$SmFeO_3$ 和 $TbFeO_3$ 的衍射峰均有一定变化。对比 900℃ 和 1000℃ 煅烧后的 XRD 局部放大图可以看出，1000℃ 煅烧后样品的衍射峰发生了位移且有一定的峰形变化，说明晶格结构开始发生变化，正交结构不再稳定。由此可以得出，水热合成的正交结构 $SmFeO_3$ 和 $TbFeO_3$ 能在 900℃ 以下稳定存在，1000℃ 开始发生相变、不再稳定。

3.7 本章小结

以 $R(NO_3)_3$ 和 $Fe(NO_3)_3$ 为反应前驱体，以 KOH 为矿化剂，采用水热技术合成了稀土正铁氧体 $RFeO_3$（R 为 Pr、Nd、Sm、Eu、Gd、Tb、Dy、Ho、Er、Tm、Yb、Lu）单相晶体产物，研究了合成条件对产物生成的影响，表征了产物的晶体结构、微观形貌与磁相变，主要结论如下。

① 相对高碱度、高反应温度和长反应时间有利于稀土正铁氧体 $RFeO_3$ 的生成，形成小半径稀土元素正铁氧体 $RFeO_3$ 相对容易一些。生成不同稀土元素的纯正交相化合物 $RFeO_3$ 所需的临界反应温度、反应时间和介质碱度不同。

② $RFeO_3$（R 为 Pr、Nd、Sm、Eu、Gd、Tb）易于形成粒径为 10~20μm 的规则块体；$RFeO_3$（R 为 Dy、Ho、Er、Tm、Yb、Lu）易于形成由片晶堆垛而成的粒径为 20~30μm 多晶体。

③ Fe 的反铁磁转变温度 T_{N1} 随着稀土离子半径 $r_{R^{3+}}$ 的减小而降低。$RFeO_3$（R 为 Pr、Nd、Tb、Dy、Ho、Er、Tm）显示了自旋重取向转变；$YbFeO_3$ 显示了类自旋玻璃特性；$EuFeO_3$ 和 $LuFeO_3$ 显示了异常转变信号，可能存在自旋重取向转变。低温下，$NdFeO_3$ 和 $SmFeO_3$ 的磁化强度随着温度的降低而减小，$NdFeO_3$ 和 $ErFeO_3$ 显示了磁化强度反转。低温下，Pr^{3+}、Sm^{3+}、Tb^{3+}、Dy^{3+}、Ho^{3+} 和 Er^{3+} 表现出了磁有序转变。

④ 水热合成样品的磁行为较文献报道的高温合成样品有一些不同之处。

第4章 正交$RMn_{0.5}Fe_{0.5}O_3$的水热合成与自旋重取向

4.1 引言

近年来，人们在研究、合成兼具良好磁性和铁电性的单相多铁性材料中做了大量的工作。其中，正交结构单相多铁性材料成为了研究焦点，这些体系一般包括稀土锰氧化物（$RMnO_3$）[37,63,85,86]和铁氧化物（$RFeO_3$）[25,38,39]等中心对称的正交结构。传统上认为在这些体系中铁电性是不能存在的。然而，近些年来在这些体系中发现了特殊的自发极化机制而导致的铁电性，如正交$DyMnO_3$中螺旋磁序诱导的铁电性[119]，正铁氧体$DyFeO_3$中Dy和Fe磁矩的交换收缩产生铁电性[208]。正交$DyMnO_3$的基态磁结构为b-c面内的非公度螺旋磁有序，正铁氧体$DyFeO_3$的基态磁结构是沿着b轴的G型反铁磁有序。当Fe^{3+}和Mn^{3+}双掺杂时，$DyMn_{1-x}Fe_xO_3$中会存在Fe^{3+}-Fe^{3+}、Mn^{3+}-Mn^{3+}、Fe^{3+}-Mn^{3+}、Dy^{3+}-Fe^{3+}、Dy^{3+}-Mn^{3+}、Dy^{3+}-Dy^{3+}等多种交换作用，其磁性会发生变化，值得研究。在正交，即钙钛矿结构中，具有不同电子组态的B位离子可以提供丰富的成分组合以及由此带来的离子间不同类型的交换相互作用。研究B位Mn和Fe双掺杂的钙钛矿型氧化物具有一定的理论意义和实际意义。Fe^{3+}和Mn^{3+}有相同的电荷和相似的离子半径，易于在钙钛矿型化合物的BO_6八面体中进行Fe^{3+}和Mn^{3+}双掺杂。可以预期B位为Mn和Fe双掺杂的钙钛矿型氧化物中存在更为丰富的物理性质。

正交相 TbMnO$_3$[63]、DyMnO$_3$[85] 和 HoMnO$_3$[86] 为重要的多铁性材料,本章中选择三个典型的稀土元素 Tb、Dy 和 Ho 作为研究对象,通过低温水热技术合成了 B 位 Mn、Fe 双掺杂的钙钛矿型氧化物 RMn$_{0.5}$Fe$_{0.5}$O$_3$（R 为 Tb、Dy、Ho）,期待本工作能为 Mn、Fe 双掺杂钙钛矿型氧化物的应用研究提供一些基础支持。

4.2 样品的制备

4.2.1 原料与试剂

本实验中所使用化学试剂如表 4-1 所示。为使起始反应原料混合更加充分,将表 4-1 中除 KOH 外的所有试剂均配制成水溶液,各溶液的浓度如表 4-1 所示。

表 4-1 实验所用化学试剂

试剂名称	分子式	纯度	浓度/(mol/L)
氢氧化钾	KOH	分析纯(AR)	
硝酸铁	Fe(NO$_3$)$_3$·9H$_2$O	分析纯(AR)	0.40
高锰酸钾	KMnO$_4$	分析纯(AR)	0.12
氯化锰	MnCl$_2$·4H$_2$O	分析纯(AR)	0.56
硝酸铽	Tb(NO$_3$)$_3$·6H$_2$O	分析纯(AR)	0.40
硝酸镝	Dy(NO$_3$)$_3$·6H$_2$O	分析纯(AR)	0.40
硝酸钬	Ho(NO$_3$)$_3$·6H$_2$O	分析纯(AR)	0.40

试样制备过程中使用的仪器设备有:分析天平、台天平、磁力搅拌器、带聚四氟乙烯内衬的不锈钢反应釜、烘箱、台钳、超声波清洗器、光学显微镜以及实验室常用玻璃仪器等。

4.2.2 正交 $RMn_{0.5}Fe_{0.5}O_3$ 的水热合成

以 $TbMn_{0.5}Fe_{0.5}O_3$ 为例来说明 B 位铁锰双掺杂正交 $RMn_{0.5}Fe_{0.5}O_3$（R 为 Tb、Dy、Ho）的水热合成过程：取 10.00mL 0.40mol/L 的 $Tb(NO_3)_3$、5.00mL 0.40mol/L 的 $Fe(NO_3)_3$ 和 3.33mL 0.12mol/L 的 $KMnO_4$ 溶液加入烧杯中，搅拌使其充分混合；在强力搅拌下，向混合液中加入 KOH 固体使其浓度达到 20mol/L（KOH 的摩尔数/原溶液体积）；待溶液冷却后，迅速加入 2.86mL 0.56mol/L 的 $MnCl_2$ 溶液；将此悬浊液快速转移至带有聚四氟乙烯内衬的不锈钢反应釜中，填充度大约为 80%，于 240℃下反应 3 天。反应完成后自然冷却至室温，将固体产物超声分离，将结晶产物收集并用去离子水多次洗涤，然后于 60℃下空气气氛中干燥得最终产物。

4.2.3 样品的测试与分析

使用 X 射线衍射（XRD）技术进行物相分析，并使用 Pawley、Rietveld 等方法对 XRD 数据进行精修来获取试样的晶体结构、晶胞参数、原子占位、选择性键长键角等信息；使用扫描电子显微镜（SEM）进行形貌观察；使用电感耦合等离子体质谱（ICP）和 X 射线能谱（EDS）技术进行化学成分分析；使用 X 射线光电子能谱（XPS）进行表面元素价态分析。使用超导量子干涉仪（SQUID）测量一定外场下的场冷（FC）和零场冷（ZFC）磁化曲线。

使用 Rigaku D/Max 2550V/PC 型 X 射线衍射仪，铜靶 Kα 射线源，λ = 1.5418Å，管电压 40kV，管电流 200mA，扫描速度 4°/min、1°/min，步长 0.02°/step（步），扫描范围根据具体试样确定。使用 Accelrys MS Modeling 工作站对慢扫样品的 XRD 数据进行 Rietveld 或 Pawley 精修。

使用 JEOL JSM-6700F 型扫描电子显微镜对试样进行微观形貌观察。先将导电胶粘在铜片或铝片上，然后将试样附着在导电胶上，并使用 KYKY SBC-12 型喷金仪对试样表面进行喷金。另外使用扫描电子显微镜的附件 X 射线能谱仪进行成分分析。

使用 MPMS-XL 型超导量子干涉仪（SQUID）测量试样在一定温度范围内和一定外磁场强度下的零场冷（ZFC）和场冷（FC）磁化曲线（$M\text{-}T$ 曲线），并测量一定温度下的磁滞回线（$M\text{-}H$ 曲线）。

4.3 正交 $RMn_{0.5}Fe_{0.5}O_3$ 的结构、成分、价态与形貌

4.3.1 正交 $RMn_{0.5}Fe_{0.5}O_3$ 的晶体结构

$RMn_{0.5}Fe_{0.5}O_3$（R 为 Tb、Dy、Ho）的水热合成受多种条件的影响，其中起主要作用的有介质碱度、反应温度和反应时间。高碱度在本体系的合成中是必要条件。这可能与稀土氢氧化物和过渡金属氢氧化物的两性有关，高碱度能够将氢氧化物溶解为多羟基基团，然后多羟基基团通过脱水成核并在晶体生长界面沉积，高浓度的碱在体系中起了矿化剂的作用。此外，反应温度和反应时间在本体系的合成中也起着重要作用。相对高温是合成目标产物的必要条件，一般要求不低于 240℃，而反应时间大于 48h 即可。温度低和时间短时，产物主要以稀土氢氧化物 $R(OH)_3$、三氧化二铁 Fe_2O_3 和 $K_xMnO_2 \cdot yH_2O$ 为主。

图 4-1 给出了水热合成产物的 XRD 图谱。从图中可以看出，样品的衍射强度较高，衍射峰形很锐，说明结晶度很高。从内嵌图可以看出，a、b、c 三个样品的主峰位置有位移，衍射峰依次向高角度方向位移，这是稀土离子半径的依次减小引起的。我们对 XRD 衍射数据进行了指标化分析，表明三个样品均为正交结构的钙钛矿型氧化物，空间群为 Pnma。通过 Pawley 精修给出了具体的晶胞参数，如表 4-2 所示。

表 4-2 Pawley 精修给出的晶胞参数

项目	a	b	c	V	$<a>$	D
$TbMn_{0.5}Fe_{0.5}O_3$	5.5919(1)	7.5897(3)	5.3161(4)	225.63	5.4236	0.02044
$DyMn_{0.5}Fe_{0.5}O_3$	5.6155(1)	7.5396(3)	5.2979(2)	224.31	5.4130	0.024596
$HoMn_{0.5}Fe_{0.5}O_3$	5.6005(1)	7.5727(5)	5.2756(1)	223.75	5.4058	0.023182

注：a、b、c 是晶胞参数；D 是正交畸变，$D = (1/3)\sum_{i}|a_i - <a>|/<a>$，$a_i$ 是晶胞参数 a、c 和 $b/\sqrt{2}$，$<a> = (abc/\sqrt{2})^{(1/3)}$。

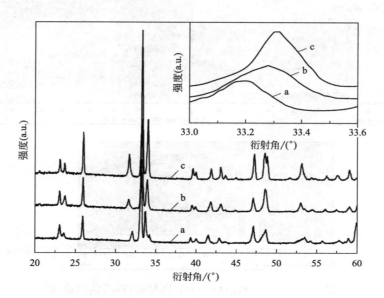

图 4-1 水热合成产物的 XRD 图谱（内嵌图为主峰的放大图）

a—TbMn$_{0.5}$Fe$_{0.5}$O$_3$；b—DyMn$_{0.5}$Fe$_{0.5}$O$_3$；c—HoMn$_{0.5}$Fe$_{0.5}$O$_3$

4.3.2 正交 RMn$_{0.5}$Fe$_{0.5}$O$_3$ 的元素成分

用 EDS 对样品进行成分分析。图 4-2 和表 4-3 给出了三个样品的能谱分析结果。从能谱结果看，R、Mn 和 Fe 的元素比例皆符合起始反应物设计比例。

表 4-3 各元素原子百分比

设计产物	EDS 测量原子百分比			实际产物中 R：Mn：Fe
	R	Mn	Fe	
TbMn$_{0.5}$Fe$_{0.5}$O$_3$	8.94	4.47	4.48	1：0.5：0.5
DyMn$_{0.5}$Fe$_{0.5}$O$_3$	8.94	4.58	4.51	0.98：0.50：0.50
HoMn$_{0.5}$Fe$_{0.5}$O$_3$	4.54	2.24	2.36	0.99：0.49：0.51

注：百分比中其余为 O 元素的值。

4.3.3 正交 RMn$_{0.5}$Fe$_{0.5}$O$_3$ 的元素价态

使用 X 射线光电子能谱（XPS）对样品中 Mn 和 Fe 的价态进行了分析。图 4-3

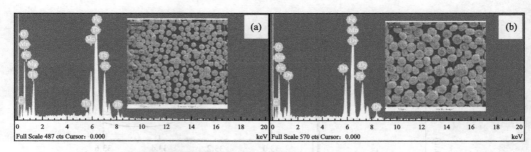

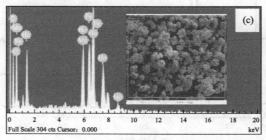

图 4-2 TbMn$_{0.5}$Fe$_{0.5}$O$_3$ (a)、DyMn$_{0.5}$Fe$_{0.5}$O$_3$ (b) 和 HoMn$_{0.5}$Fe$_{0.5}$O$_3$ (c) 的能谱图

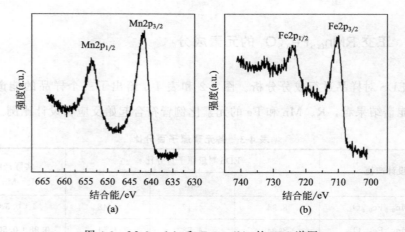

图 4-3 Mn2p (a) 和 Fe2p (b) 的 XPS 谱图

给出了样品 DyMn$_{0.5}$Fe$_{0.5}$O$_3$ 的 Mn2p 和 Fe2p 谱图。谱线中结合能经过标准 C$_{1s}$ 峰校准（室温下 284.6eV）。从图 4-3 中可以看出，在结合能为 710.8eV 和 724.3eV 处有两个峰，是由 Fe2p 态谱线劈裂而来的 Fe2p$_{3/2}$ 和 Fe2p$_{1/2}$ 峰。对比标准数据库，发现这两个峰与 Fe$_2$O$_3$ 相应的结合能近似，可以确定 Fe 的价态为 +3 价。同样，Mn2p 态劈裂为 Mn2p$_{3/2}$ 和 Mn2p$_{1/2}$ 两个峰，结合能分别为 641.9eV

和 653.6eV，与标准数据库中 Mn_2O_3 相应的结合能近似，因此可以确定化合物中 Mn 的价态为 +3 价。$TbMn_{0.5}Fe_{0.5}O_3$，$DyMn_{0.5}Fe_{0.5}O_3$ 和 $HoMn_{0.5}Fe_{0.5}O_3$ 三个试样是在同一实验条件下制备的，所以三个样品中的 Mn 和 Fe 的价态应该均为 +3 价。

4.3.4 正交 $RMn_{0.5}Fe_{0.5}O_3$ 的微观形貌

图 4-4 给出了 $RMn_{0.5}Fe_{0.5}O_3$（R 为 Tb、Dy、Ho）的扫描电子显微镜

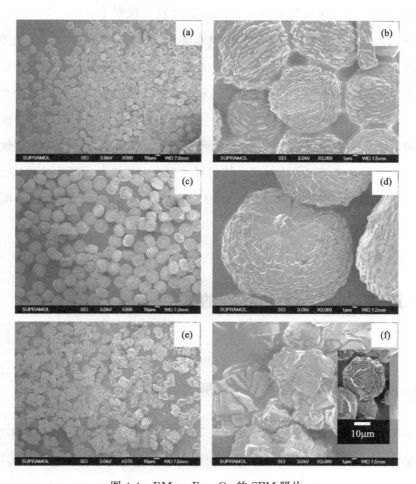

图 4-4　$RMn_{0.5}Fe_{0.5}O_3$ 的 SEM 照片
(a)，(b) $TbMn_{0.5}Fe_{0.5}O_3$；(c)，(d) $DyMn_{0.5}Fe_{0.5}O_3$；
(e)，(f) $HoMn_{0.5}Fe_{0.5}O_3$

(SEM) 照片。照片显示，$TbMn_{0.5}Fe_{0.5}O_3$ 和 $DyMn_{0.5}Fe_{0.5}O_3$ 呈球形晶粒。$TbMn_{0.5}Fe_{0.5}O_3$ 晶粒尺寸在 $15\mu m$ 左右，粒度比较均匀；$DyMn_{0.5}Fe_{0.5}O_3$ 晶粒尺寸比 $TbMn_{0.5}Fe_{0.5}O_3$ 大，为 $25\mu m$ 左右，粒度也比较均匀。从局部放大图可以看出，$TbMn_{0.5}Fe_{0.5}O_3$ 和 $DyMn_{0.5}Fe_{0.5}O_3$ 的球形颗粒是由片晶组装而成的。$HoMn_{0.5}Fe_{0.5}O_3$ 一部分为不规则球形，另一部分为片状结构，说明 $HoMn_{0.5}Fe_{0.5}O_3$ 在该实验条件下没有完全组装成为球状体。通过上述形貌观察可以推测，晶体产物生长经历了片状晶体的生成和片晶自组装两个过程。我们尝试通过改变实验条件来研究最终形貌的形成过程，观察 $HoMn_{0.5}Fe_{0.5}O_3$ 能否完全形成球状体。通过实验发现，在影响水热合成的条件（碱度、温度和时间）中，温度对 $HoMn_{0.5}Fe_{0.5}O_3$ 的形貌有一定影响。如前文所述，产物相生成要求温度不低于240℃，因此我们设计升高温度来观察物相和形貌的变化。实验发现，温度升高到260℃时，物相没有发生变化，但片状晶体的尺寸变小，团聚程度增大了，区域放大图如图 4-4(f) 中的内嵌图所示。这可以解释为，温度升高使反应速率加快，初始晶核增多，导致片状晶体的尺寸变小。片晶尺寸变小导致其比表面积和表面自由能增大，因此片状晶体更倾向于形成球状体以降低表面能，团聚程度增大。

4.4 正交 $RMn_{0.5}Fe_{0.5}O_3$ 的磁性

4.4.1 正交 $RMn_{0.5}Fe_{0.5}O_3$ 的变温磁化曲线

图 4-5 给出了 $RMn_{0.5}Fe_{0.5}O_3$（R 为 Tb、Dy、Ho）在 100Oe 外场和 2~350K 下的零场冷（ZFC）和场冷（FC）磁化强度曲线。在这三个化合物中，Fe^{3+}（$3d^5$）和 Mn^{3+}（$3d^4$）离子半径相似，Fe^{3+} 和 Mn^{3+} 随机分布在相同的晶格位置上。B 位存在两种等量无序分布的磁性离子 Fe^{3+} 和 Mn^{3+}，存在 Fe^{3+}-O^{2-}-Fe^{3+}，Mn^{3+}-O^{2-}-Fe^{3+} 和 Mn^{3+}-O^{2-}-Mn^{3+} 三种交换相互作用。

第4章 正交 $RMn_{0.5}Fe_{0.5}O_3$ 的水热合成与自旋重取向

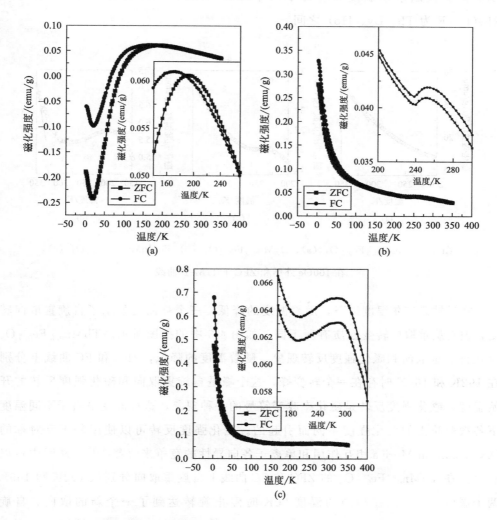

图 4-5 $TbMn_{0.5}Fe_{0.5}O_3$ (a)、$DyMn_{0.5}Fe_{0.5}O_3$ (b) 和 $HoMn_{0.5}Fe_{0.5}O_3$ (c) 在 100Oe 外场和 2~350K 下的 ZFC 和 FC 磁化强度曲线

图 4-6 给出了三个样品 $RMn_{0.5}Fe_{0.5}O_3$ (R 为 Tb、Dy、Ho) 在 100Oe 外场和 ZFC 下的磁化强度倒数随温度的变化曲线 ($1/M$-T)。从图 4-6 中可以得出,其反铁磁奈尔温度 T_{N1} 分别约为 333K、327K 和 347K。这一温度高于 $RMnO_3$ (R 为 Tb、Dy、Ho) 而低于 $RFeO_3$ (R 为 Tb、Dy、Ho) 的反铁磁奈尔温度。这是因为 B 位离子的反铁磁超交换作用引起反铁磁转变,而超交换作用的强度顺序为 Mn-O-Mn<Fe-O-Mn<Fe-O-Fe,所以双掺杂 $RMn_{0.5}Fe_{0.5}O_3$ (R 为 Tb、Dy、

Ho）的反铁磁奈尔温度 T_{N1} 处于两个母体 $RMnO_3$（R 为 Tb、Dy、Ho）和 $RFeO_3$（R 为 Tb、Dy、Ho）之间。

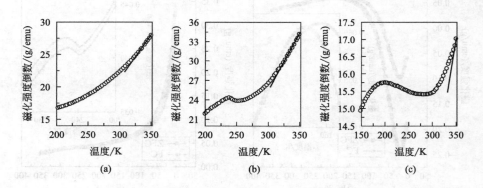

图 4-6　$TbMn_{0.5}Fe_{0.5}O_3$（a）、$DyMn_{0.5}Fe_{0.5}O_3$（b）和 $HoMn_{0.5}Fe_{0.5}O_3$（c）
在 100Oe 外场和 ZFC 下 $1/M$-T 曲线

在反铁磁奈尔温度以下，随着温度的降低，三个样品均显示了自旋重取向转变，但自旋重取向转变性质有所不同，如图 4-5 中的插图所示。$TbMn_{0.5}Fe_{0.5}O_3$ 存在自旋重取向和磁化强度反转现象。随着温度的降低，ZFC 和 FC 曲线上分别在 192K 和 169K 时存在一个转变峰，这个峰是自旋重取向和磁化强度反转的开始温度。磁化强度反转是磁化率改变符号的一种现象，这种改变是由于不同温度下各次晶格上的磁化强度不同而引起的。磁化强度反转可以使用基于反对称的 Dzyaloshinskii-Moriya 相互作用和单离子各向异性的竞争来解释[251]。从图中可以看出，在 $TbMn_{0.5}Fe_{0.5}O_3$ 的 ZFC 和 FC 曲线上自旋重取向分别从 192K 和 169K 两个温度开始，而在相同的温度 20K 时停止旋转达到了一个新的取向。自旋重取向开始温度以后随着温度的降低，ZFC 和 FC 曲线上磁化强度降低并分别在 87K 和 65K 时达到零值，这个温度称为补偿温度，即 $T_{comp} = 87K$ 和 $T_{comp} = 65K$，随后其磁化强度的符号都变为负值。$DyMn_{0.5}Fe_{0.5}O_3$ 和 $HoMn_{0.5}Fe_{0.5}O_3$ 分别在大约 238～252K 和 200～280K 的范围内经历自旋重取向转变。上一章中的磁性研究表明，$TbFeO_3$、$DyFeO_3$ 和 $HoFeO_3$ 的自旋重取向转变温度分别为 45～126K、50～75K 和 60～70K。通过对比，我们发现，Mn^{3+} 和 Fe^{3+} 双掺杂 $RMn_{0.5}Fe_{0.5}O_3$（R 为 Tb、Dy、Ho）的自旋重取向温度得到了提高。我们知道，超交换作用的强度顺序为 Mn-O-Mn＜Fe-O-Mn＜Fe-O-Fe。在 $RFeO_3$ 中，当沿着某一晶轴方向上 R^{3+}-Fe^{3+} 相互作用大于 Fe^{3+}-Fe^{3+} 相互作用时，自旋重取向开始。在 $RMn_{0.5}Fe_{0.5}O_3$（R 为 Tb、Dy、Ho）中，由于部分 Fe^{3+} 被 Mn^{3+} 所取代，致使整个系统中 Fe^{3+}-Fe^{3+} 相互作用变弱，因此，在比原来高的温度下 R^{3+}-Fe^{3+} 的相互作用能能够克服热扰动和 Fe^{3+}-Fe^{3+} 相互作用，致使自旋重取向发生。在相对低的温度下，随着温度的降低，三个样品的磁化率显示为急剧增加，这是由稀土离子的顺磁性引起的。与 $DyMn_{0.5}Fe_{0.5}O_3$ 和 $HoMn_{0.5}Fe_{0.5}O_3$ 不同，$TbMn_{0.5}Fe_{0.5}O_3$ 显示了磁化强度反转，显示了不同稀土离子在低温下具有不同的磁行为。

4.4.2 正交 $RMn_{0.5}Fe_{0.5}O_3$ 的自旋重取向

迄今为止，有几种方法可以扭转磁化强度的方向：外加磁场[252]、自旋注入[253]和圆偏振光[254]。这里我们通过改变外加磁场来考察 $TbMn_{0.5}Fe_{0.5}O_3$ 的磁化强度反转与外磁场的关系。负的磁化强度表示磁化强度的方向与磁场方向相反。如果应用足够大的磁场，其磁各向异性能能够被外场诱导的能量所克服，净的磁矩将平行导向于外磁场，因此负的磁化强度消失，已经反转的磁化强度方向重新发生扭转。我们测量了 $TbMn_{0.5}Fe_{0.5}O_3$ 样品在不同磁场强度下的 ZFC 磁化曲线，如图 4-7 所示，磁场强度分别为 70Oe、100Oe、500Oe、1000Oe、3000Oe 和 5000Oe，温度范围为 2～300K。从图 4-7 中可以看出，随着磁场强度的增加，原来的磁化强度反转程度逐渐减小，同时自旋重取向温度区间也变窄。可以推测，当外磁场足够大时，已反转的磁化强度的方向可被扭转回来，自旋重取向将消失。表 4-4 给出了不同外场下的自旋重取向温度 T_{SR1} 和 T_{SR2}。自旋重取向的起始温度 T_{SR2} 和终止温度 T_{SR1} 之间的温度区间被界定为自旋重取向温度区间。从表中可以看出，起始温度 T_{SR2} 随着磁场增强而逐渐降低，终止温度 T_{SR1} 随着磁场的增强而升高。所以，随着外磁场强度的增加自旋重取向温度区间逐渐变窄。

表 4-4 $TbMn_{0.5}Fe_{0.5}O_3$ 在不同外场下的自旋重取向温度 T_{SR1} 和 T_{SR2}

外场/Oe	T_{SR1}/K	T_{SR2}/K
70	13.24	204
100	19.84	191
500	27.14	140

续表

外场/Oe	T_{SR1}/K	T_{SR2}/K
1000	48	90
3000	无	无
5000	无	无

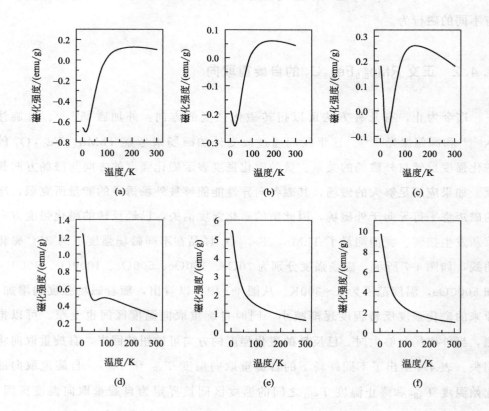

图 4-7　$TbMn_{0.5}Fe_{0.5}O_3$ 在不同磁场强度下的 ZFC 磁化曲线

(a) 70Oe；(b) 100Oe；(c) 500Oe；(d) 1000Oe；(e) 3000Oe；(f) 5000Oe

自旋重取向的起始温度 T_{SR2}、终止温度 T_{SR1} 与磁场强度 H 之间显示了线性关系，如图 4-8 所示。自旋重取向的起始温度 T_{SR2}、终止温度 T_{SR1} 与磁场强度 H 之间的线性关系拟合方程如下。

T_{SR1} 与 H 的线性方程：$T_{SR1}=0.0329H+13.819$

T_{SR2} 与 H 的线性方程：$T_{SR2}=-0.116H+202.002$

第4章 正交 $RMn_{0.5}Fe_{0.5}O_3$ 的水热合成与自旋重取向

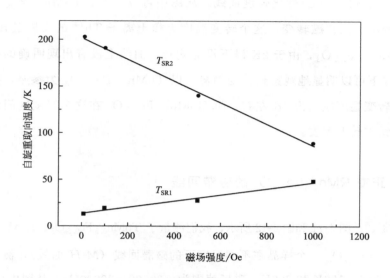

图4-8 $TbMn_{0.5}Fe_{0.5}O_3$ 自旋重取向温度 T_{SR2} 和 T_{SR1} 随磁场强度的变化

这两个线性关系满足 $dT_{SR2}/dH = -3.5 dT_{SR1}/dH$,依照这个线性关系可以推知,在 H 约为1260Oe的高磁场下自旋重取向转变将消失。因此我们得出在高的外磁场下,磁化强度的方向将被扭转、自旋重取向现象消失。

在液氦温度附近,有些R离子将从顺磁态向反铁磁态转变,其转变温度标记为 T_{N2}。图4-9给出了 $RMn_{0.5}Fe_{0.5}O_3$(R为Tb、Dy、Ho)在100Oe外磁场下从

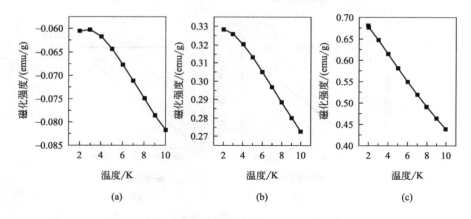

图4-9 在100Oe外磁场下从2K到10K的FC磁化强度曲线
(a) $TbMn_{0.5}Fe_{0.5}O_3$; (b) $DyMn_{0.5}Fe_{0.5}O_3$; (c) $HoMn_{0.5}Fe_{0.5}O_3$

2K 到 10K 的场冷（FC）磁化强度曲线。从图中可以看出，$TbMn_{0.5}Fe_{0.5}O_3$ 在大约 3K 时经历了反铁磁转变，这个转变温度为稀土离子 Tb^{3+} 的反铁磁转变温度。对于 $DyMn_{0.5}Fe_{0.5}O_3$，由于 2K 以下没能测量，曲线上没有出现明确的拐点，但是从 4K 往下可以明显地观察到转变趋势，以 $TbMn_{0.5}Fe_{0.5}O_3$ 为参照，我们推测其反铁磁转变温度应当为 2K 左右。而 $HoMn_{0.5}Fe_{0.5}O_3$ 在这个温度区间没有显示稀土的反铁磁转变温度。

4.4.3 正交 $RMn_{0.5}Fe_{0.5}O_3$ 的磁滞回线

如图 4-10、图 4-11 和图 4-12 所示，我们测量了 $TbMn_{0.5}Fe_{0.5}O_3$、$DyMn_{0.5}Fe_{0.5}O_3$ 和 $HoMn_{0.5}Fe_{0.5}O_3$ 三个样品在不同温度下的磁滞回线（M-H 曲线），测试温度分别为 2K、70K、150K 和 300K，磁场范围为 $-30000 \sim 30000$ Oe。从图中可以看出，

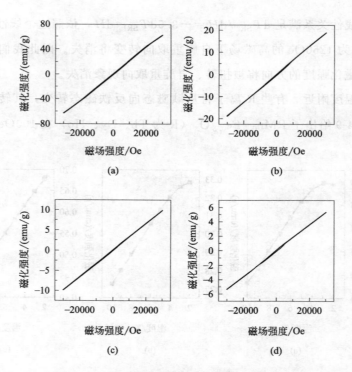

图 4-10　$TbMn_{0.5}Fe_{0.5}O_3$ 在不同温度下的磁滞回线（磁场范围为 $-30000 \sim 30000$ Oe）
(a) 2K；(b) 70K；(c) 150K；(d) 300K

第4章 正交 $RMn_{0.5}Fe_{0.5}O_3$ 的水热合成与自旋重取向

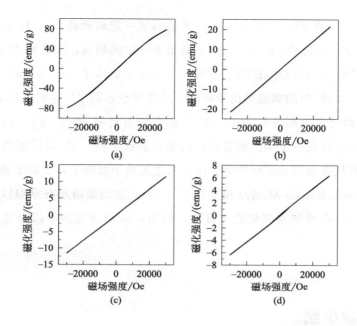

图 4-11 $DyMn_{0.5}Fe_{0.5}O_3$ 在不同温度下的磁滞回线（磁场范围为 $-30000\sim30000\mathrm{Oe}$）

(a) 2K；(b) 70K；(c) 150K；(d) 300K

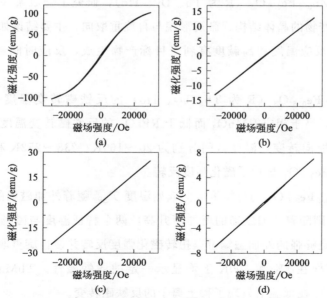

图 4-12 $HoMn_{0.5}Fe_{0.5}O_3$ 在不同温度下的磁滞回线（磁场范围为 $-30000\sim30000\mathrm{Oe}$）

(a) 2K；(b) 70K；(c) 150K；(d) 300K

$TbMn_{0.5}Fe_{0.5}O_3$ 在 2K、70K 和 300K 下显示了一定的剩磁，150K 下未观察到剩磁；$DyMn_{0.5}Fe_{0.5}O_3$ 在 2K 和 300K 下显示了一定的剩磁，70K 和 150K 下未观察到剩磁；$HoMn_{0.5}Fe_{0.5}O_3$ 在 2K、70K 和 300K 下显示了一定的剩磁，150K 下未观察到剩磁。300K 时的剩磁是由于在低于反铁磁奈尔温度 T_{N1} 时，Dzyaloshinskii-Moriya 反对称交换机制导致 Mn^{3+}/Fe^{3+} 的磁矩与近邻 Mn^{3+}/Fe^{3+} 的磁矩没有完全反平行，而是存在一个小的倾斜角，而显示弱铁磁性。2K 时的磁滞回线更加弯曲，表明存在较强的局域短程铁磁作用，可能是由于低温下稀土离子磁矩参与并加强了局域 Dzyaloshinskii-Moriya 相互作用[211]。上述现象暗示在室温以下体系中自旋相互作用的复杂性和磁现象的丰富性，需要不断更新实验手段来进行更深入的研究。

4.5 本章小结

选择 Tb、Dy 和 Ho 作为 A 位元素，水热合成了 B 位锰、铁双掺杂的正交单相复合氧化物 $RMn_{0.5}Fe_{0.5}O_3$（R 为 Tb、Dy、Ho），研究了合成条件对产物生成的影响，表征了产物的晶体结构、微观形貌与自旋重取向，主要结论如下。

① 相对高反应温度和高碱度有利于目标产物生成，反应时间影响不是很大，超过 48h 即可。

② $RMn_{0.5}Fe_{0.5}O_3$（R 为 Tb、Dy、Ho）的反铁磁转变温度分别为 333K、327K 和 347K，高于相应 $RMnO_3$ 而低于 $RFeO_3$ 的反铁磁转变温度。三个试样都显示了自旋重取向转变，温度区间分别为 20～169K、238～252K 和 200～280K，其中 $TbMn_{0.5}Fe_{0.5}O_3$ 显示了磁化强度反转。

③ $TbMn_{0.5}Fe_{0.5}O_3$ 的自旋重取向起始温度 T_{SR2} 随着外加磁场的增加而降低，终止温度 T_{SR1} 则随着外加磁场的增加而升高，两个特征温度与磁场强度之间显示了线性关系，足够强的外加磁场可以扭转磁化强度反转并使自旋重取向消失。

④ 三个试样在 2K 和 300K 下均显示一定的弱铁磁性。$TbMn_{0.5}Fe_{0.5}O_3$ 和 $DyMn_{0.5}Fe_{0.5}O_3$ 在低温下显现了稀土离子的反铁磁转变。

第5章 Fe掺杂六方 $RMnO_3$ 的水热合成与反铁磁转变温度

5.1 引言

六方稀土锰酸盐 $RMnO_3$（R 为 Ho、Er、Tm、Yb、Lu、Sc 和 Y）是一种集铁电性与反铁磁性于一体的潜在单相多铁性材料，近年来受到人们的密切关注[158-171,255]。

在六方稀土锰酸盐 $RMnO_3$ 中，Mn^{3+}（$3d^4$）位于 MnO_5 三角双锥的体心，与三角双锥平面上的三个氧离子之间的距离不同于与两个顶角氧离子之间的距离。Mn^{3+} 占据面内三角中心，借助于平面内共顶点的氧离子，与临近的 Mn^{3+} 形成 Mn^{3+}-O-Mn^{3+} 超交换耦合。三角双锥共顶点相连接，形成一个与六重对称轴垂直的平面。R^{3+} 嵌于三角双锥构成的层与层之间，每个 R^{3+} 与七个氧离子配位。

六方稀土锰酸盐 $RMnO_3$（R 为 Ho、Er、Tm、Yb、Lu、Sc 和 Y）的反铁磁奈尔温度较低，为 70~130K[35,135-137]，而铁电居里温度较高，为 570~990K[122,123]。在密堆积基面内，Mn^{3+} 自旋与邻近的 Mn^{3+} 自旋成三角形排列，它们之间的反铁磁（AFM）自旋-自旋相互作用呈几何阻挫状态，抑制了长程磁有序，因而使次晶格的 AFM 有序温度较低。$RMnO_3$ 的铁电性来源于 MnO_5 多面体的倾斜（tilting）和 R 层的屈曲（buckling）[135]。铁电有序出现在高温区，反铁磁有序出现在低温区，因此 h-$RMnO_3$ 只有在低温下才可能表现多铁性。多铁性材料实用化的一个非常重要的指标就是要于室温下具有磁有序、电有序及其耦合作用。h-$RMnO_3$ 的铁电居里温度比较高,所以提高反铁磁转变温度是解决问题的关键所在。为此目的,掺杂改性是一个重要手段。目前,关于掺杂改性六方稀土锰氧化物 $RMnO_3$ 的报道主要集中在 $YMnO_3$[256-261] 上,而其他六方稀土锰氧化物的掺杂研究则较少,且由于受合成方法的限制,掺杂比例一般小于 0.3[262-264],所以掺杂改性 $RMnO_3$ 还具有较大的研究空间。

稀土铁酸盐 $RFeO_3$ 的反铁磁转变温度很高,这是因为 Fe^{3+}-O-Fe^{3+} 的超交换作用非常强,只有高温下的热扰动才能使其转变为无序的顺磁相。因此,我们期待通过 Fe 掺杂六方 $RMnO_3$ 来提高其反铁磁转变温度。我们选择 $RMnO_3$(R 为 Er、Tm、Yb、Lu)为研究对象,对其进行水热合成并进行 B 位 Fe^{3+} 掺杂,以期提高其反铁磁转变温度。

5.2 样品的制备

5.2.1 原料与试剂

本实验中所使用化学试剂如表 5-1 所示。为使起始反应原料混合更加充分,将表 5-1 中除 KOH 外的所有试剂均配制成水溶液,各溶液的浓度如表 5-1 所示。

表 5-1 实验所用化学试剂

试剂名称	分子式	纯度	浓度/mol/L
氢氧化钾	KOH	分析纯(AR)	
硝酸铁	$Fe(NO_3)_3 \cdot 9H_2O$	分析纯(AR)	0.40
高锰酸钾	$KMnO_4$	分析纯(AR)	0.12
氯化锰	$MnCl_2 \cdot 4H_2O$	分析纯(AR)	0.56
硝酸铒	$Er(NO_3)_3 \cdot 6H_2O$	分析纯(AR)	0.40
硝酸铥	$Tm(NO_3)_3 \cdot 6H_2O$	分析纯(AR)	0.40
硝酸镱	$Yb(NO_3)_3 \cdot 6H_2O$	分析纯(AR)	0.40
硝酸镥	$Lu(NO_3)_3 \cdot 6H_2O$	分析纯(AR)	0.40

试样制备过程中使用的仪器设备有分析天平、台天平、磁力搅拌器、带聚四氟乙烯内衬的不锈钢反应釜、烘箱、台钳、超声波清洗器、光学显微镜以及实验室常用玻璃仪器等。

5.2.2 Fe掺杂六方$RMnO_3$的水热合成

以$TmMn_{0.5}Fe_{0.5}O_3$为例说明Fe掺杂六方稀土锰酸盐$h\text{-}RMn_{1-x}Fe_xO_3$（R为Er、Tm、Yb、Lu；$x=0$，0.1，0.3，0.5）的水热合成：取10.00mL 0.40mol/L的$Tm(NO_3)_3$溶液、3.33mL 0.12mol/L的$KMnO_4$溶液和5.00mL 0.40mol/L的$Fe(NO_3)_3$溶液于烧杯中，搅拌使其充分混合；在强力搅拌下，向上述混合溶液中加入KOH固体使其浓度达到20mol/L（KOH的摩尔数/原溶液体积）；待溶液冷却后，迅速加入2.86mL 0.56mol/L的$MnCl_2$溶液并搅拌均匀，将此悬浊液快速转移至带有聚四氟乙烯内衬的反应釜中，填充度大约80%，于240℃下反应3天；反应结束后自然冷却至室温，将固体产物超声分离，将结晶产物收集并用去离子水洗涤，然后于60℃下空气气氛中干燥得最终产物。

5.2.3 样品的测试与分析

使用X射线衍射（XRD）技术进行物相分析，并使用Pawley、Rietveld等方法对XRD数据进行精修来获取试样的晶体结构、晶胞参数、原子占位、选择性键长键角等信息；使用扫描电子显微镜（SEM）进行形貌观察；使用电感耦合等离子体质谱（ICP）和X射线能谱（EDS）技术进行化学成分分析；使用X射线光电子能谱（XPS）进行表面元素价态分析。使用超导量子干涉仪（SQUID）测量一定外场下的场冷（FC）和零场冷（ZFC）磁化曲线。

使用Rigaku D/Max 2550V/PC型X射线衍射仪，铜靶Kα射线源，$\lambda=1.5418\text{Å}$，管电压40kV，管电流200mA，扫描速度4°/min、1°/min，步长0.02°/step（步），扫描范围根据具体试样确定。使用Accelrys MS Modeling工作站对慢扫样品的XRD数据进行Rietveld或Pawley精修。

使用JEOL JSM-6700F型扫描电子显微镜对试样进行微观形貌观察。先将导电胶粘在铜片或铝片上，然后将试样附着在导电胶上，并使用KYKY SBC-12型喷金仪对试样表面进行喷金。另外使用扫描电子显微镜的附件X射线能谱仪进行成分分析。

使用 MPMS-XL 型超导量子干涉仪（SQUID）测量试样在一定温度范围内和一定外磁场强度下的零场冷（ZFC）和场冷（FC）磁化曲线（M-T 曲线）。

5.3 Fe 掺杂六方 $RMnO_3$ 的结构、成分及形貌

5.3.1 Fe 掺杂六方 $RMnO_3$ 的晶体结构

$RMn_{1-x}Fe_xO_3$（R 为 Er、Tm、Yb、Lu；$x=0$，0.1，0.3，0.5）的水热合成受多种条件的影响，其中起主要作用的有介质碱度、反应温度和反应时间。在目标产物的水热合成过程中，碱度显示了非常重要的作用，高碱度有利于产物结晶度和产率的提高。本实验中，碱加入量大于 4g 时开始有目标产物生成但伴有大量杂质生成。随着碱度的不断提高，目标产物的结晶度、纯度、产率等不断提高。反应温度与反应时间分别高于 240℃和大于 48h 时都能得到结晶度良好的纯单相产物。

图 5-1 给出了 $RMn_{1-x}Fe_xO_3$（R 为 Er、Tm、Yb、Lu；$x=0$，0.1，0.3，0.5）的 XRD 图谱。从图中可以看出，$ErMn_{1-x}Fe_xO_3$（$x=0$，0.1，0.3，0.5）系列样品中只有 $ErMnO_3$ 为六方单相产物（空间群为 $P6_3cm$），其他比例均为六方和正交的混合相，且随着 Fe^{3+} 掺杂量的增加，正交相含量逐渐增多。而 $TmMn_{1-x}Fe_xO_3$（$x=0$，0.1，0.3，0.5）、$YbMn_{1-x}Fe_xO_3$（$x=0$，0.1，0.3，0.5）和 $LuMn_{1-x}Fe_xO_3$（$x=0$，0.1，0.3，0.5）中所有样品均为六方单相，没有可观察到的杂相存在。Graboy[87]等通过热力学自由能变计算指出，在稀土锰酸盐 $RMnO_3$ 中，随着镧系元素原子序数的增加即稀土离子半径的减小，正交相逐渐变得不稳定，而六方相逐渐变得稳定。Er^{3+} 处于形成六方相和正交相锰酸盐的边界，形成六方相和正交相 $ErMnO_3$ 的自由能变差别较小。在第 3 章中，水热合成的 $ErFeO_3$ 为纯单相正交结构。可以推测 Fe^{3+} 的掺入促进了正交结构的生成。所以，$ErMn_{1-x}Fe_xO_3$（$x=0.1$，0.3，0.5）为六方结构和正交结构的混合相，且随着 Fe^{3+} 掺杂量的增加，正交相含量逐渐增多。

第5章 Fe掺杂六方$RMnO_3$的水热合成与反铁磁转变温度

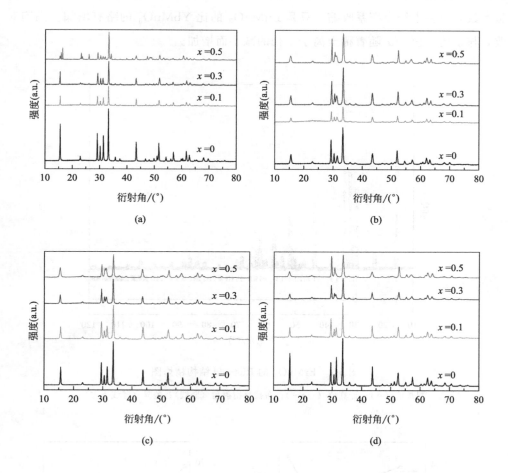

图 5-1 $RMn_{1-x}Fe_xO_3$（R 为 Er、Tm、Yb、Lu；$x=0$，0.1，0.3，0.5）的 XRD 图谱
(a) $ErMn_{1-x}Fe_xO_3$；(b) $TmMn_{1-x}Fe_xO_3$；(c) $YbMn_{1-x}Fe_xO_3$；(d) $LuMn_{1-x}Fe_xO_3$

我们对 $RMnO_3$（R 为 Er、Tm、Yb、Lu）进行了 Rietveld 结构精修。图 5-2 给出了 $ErMnO_3$ 的 Rietveld 结构精修图作为代表。表 5-2 给出了 $RMnO_3$（R 为 Er、Tm、Yb、Lu）的晶胞参数 a、c，晶胞体积 V，原子占位（稀土原子 R1 和 R2，Mn 原子，氧原子 O1、O2、O3 和 O4）和可靠性因子 R_{wp}、R_p 的精修结果。图 5-3 给出了样品 $RMnO_3$（R 为 Er、Tm、Yb、Lu）的晶胞参数 a、c 及 c/a 和晶胞体积 V 与稀土离子半径（这里 R^{3+} 半径应为七配位半径，但 Shannon 表[180]中七配位稀土半径不全，故使用八配位半径）的关系。从图中可以看出，晶胞参数

a 和晶胞体积 V 基本都随着稀土离子半径的减小而减小,符合镧系收缩的结果。晶胞参数 c 也基本符合镧系收缩,只是 $LuMnO_3$ 的比 $YbMnO_3$ 的略有增加。晶胞参数 c 与 a 的比值 c/a 随着稀土离子半径的减小而增加。

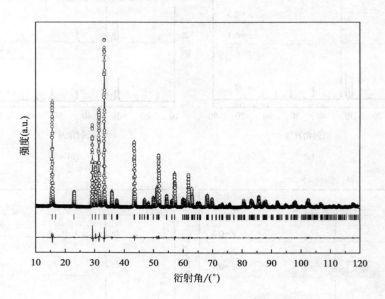

图 5-2 $ErMnO_3$ 的 Rietveld 结构精修图

测量值（○）；计算值（—△—）；布拉格衍射角（竖线）；差异（竖线下方）

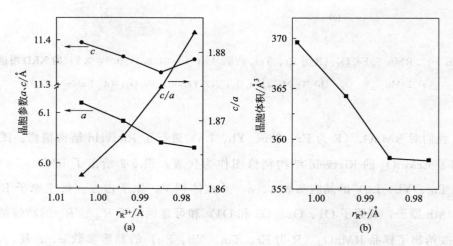

图 5-3 $RMnO_3$（R 为 Er、Tm、Yb、Lu）的晶胞参数 a、c 及 c/a 和晶胞体积 V 与稀土离子半径（八配位）的关系

第5章 Fe掺杂六方 $RMnO_3$ 的水热合成与反铁磁转变温度

表 5-2 通过 Rietveld 精修得出的 $RMnO_3$（R 为 Er、Tm、Yb、Lu）的晶胞参数、晶胞体积、原子占位和可靠性因子

化合物		$ErMnO_3$	$TmMnO_3$	$YbMnO_3$	$LuMnO_3$
空间群		$P6_3cm$	$P6_3cm$	$P6_3cm$	$P6_3cm$
$a/Å$		6.1199	6.0840	6.0419	6.0321
$c/Å$		11.3949	11.3632	11.3280	11.3577
$V/Å^3$		369.60	364.26	358.12	357.89
R1 $2a(0,0,z)$	z	0.2761(1)	0.2779(0)	0.2734(1)	0.2705(2)
R2 $4a(1/3,2/3,z)$	z	0.2341	0.2357	0.2306	0.2266
Mn $6c(x,0,0)$	x	0.3441	0.3430	0.3333	0.3212
O1 $6c(x,0,z)$	x	0.2892	0.2984	0.3030	0.3071
	z	0.1522	0.1514	0.1617	0.1699
O2 $6c(x,0,z)$	x	0.6452	0.6422	0.6390	0.6328
	z	0.3271	0.3241	0.3342	0.3397
O3 $2a(0,0,z)$	z	0.4912	0.4880	0.4732	0.4836
O4 $4b(1/3,2/3,z)$	z	0.0251	0.0250	0.0192	0.0189
R_{wp}		7.56	8.97	9.35	8.66
R_p		5.23	6.35	7.13	6.12

图 5-4 给出了 Fe 掺杂 $RMn_{1-x}Fe_xO_3$（R 为 Tm、Yb、Lu）的晶胞参数 a、

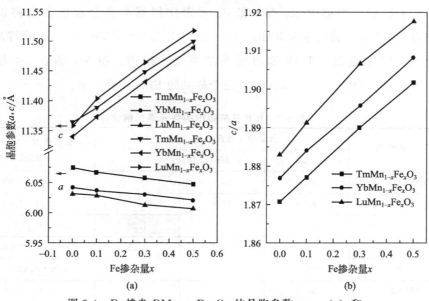

图 5-4 Fe 掺杂 $RMn_{1-x}Fe_xO_3$ 的晶胞参数 a、c（a）和 c/a（b）随着 Fe 掺杂量 x 的变化

c 和c/a 随着 Fe 掺杂量 x 的变化。从图中可以看出，随着 Fe^{3+} 掺杂量 x 的增大，晶胞参数 c 增大，a 减小，c/a 增大。五配位 Mn^{3+} 和 Fe^{3+} 具有相同的离子半径 0.058nm[180]与相同的电荷，因此晶胞参数的变化应归结为 Fe^{3+} 和 Mn^{3+} 3d 壳层电子数的不同和电负性的区别。晶胞参数 c 的增加是因为 Fe^{3+} 的 $3d^5$ 壳层比 Mn^{3+} 的 $3d^4$ 壳层多一个电子，该电子占据 d_{z^2} 轨道，而 d_{z^2} 轨道是沿 c 轴伸展的，这就导致了 Mn^{3+} 与顶点 O^{2-} 之间的排斥作用增强，进而使沿着 c 轴的Mn-O键长增大，即晶胞参数 c 随着 Fe 掺杂量 x 的增大而增大。而晶胞参数 a 随着 Fe 掺杂量 x 的增加而减小是因为 Fe/Mn-O 的共价性增加造成的。Fe^{3+} 的电负性为 1.9[265]，Mn^{3+} 的电负性为 1.55[265]，当用 Fe^{3+} 来取代 Mn^{3+} 时，体系的电负性增大，Mn/Fe-(O3,O4)-Mn/Fe 键的共价性增大，轨道重叠增加，Mn/Fe-(O3,O4)键长变短。六方锰氧化物 h-$RMnO_3$ 中 Mn/Fe-(O3,O4) 键在 a-b 面内，所以晶胞参数 a 减小。晶胞参数 c 增大，a 减小，c/a 必然增大。

5.3.2 Fe 掺杂六方 $RMnO_3$ 的元素成分

用 ICP 对 $RMn_{1-x}Fe_xO_3$（R 为 Er、Tm、Yb、Lu；$x=0$, 0.1, 0.3, 0.5）进行元素组成分析。测量样品中对应元素的质量浓度（μg/mL），计算各元素的比例。结果显示，产物中 R、Mn 和 Fe 元素比例基本符合起始反应物设计比例，如表 5-3 所示。我们选取 $RMn_{0.5}Fe_{0.5}O_3$（R 为 Tm、Yb、Lu）三个样品进行 EDS 分析，结果表明 ICP 和 EDS 分析结果是一致的。图 5-5 和表 5-4 给出了 $RMn_{0.5}Fe_{0.5}O_3$（R=Tm，Yb，Lu）三个样品的 EDS 分析结果。

表 5-3 ICP 分析得出的各元素比例

设计目标产物	元素质量浓度/(μg/mL)			计算得 R : Mn : Fe 的值
	R	Mn	Fe	
$ErMnO_3$	39.8	13.2		0.99 : 1.00
$TmMnO_3$	38.8	12.8		1.01 : 1.00
$TmMn_{0.9}Fe_{0.1}O_3$	40.6	12.0	1.26	1.00 : 0.91 : 0.094
$TmMn_{0.7}Fe_{0.3}O_3$	42.9	9.84	4.39	1.00 : 0.70 : 0.31
$TmMn_{0.5}Fe_{0.5}O_3$	31.1	5.21	5.23	1.00 : 0.52 : 0.51
$YbMnO_3$	35.6	11.1		1.02 : 1.00
$YbMn_{0.9}Fe_{0.1}O_3$	39.7	11.2	1.32	1.00 : 0.89 : 0.10

第5章 Fe掺杂六方RMnO$_3$的水热合成与反铁磁转变温度

续表

设计目标产物	元素质量浓度/(μg/mL)			计算得 R：Mn：Fe 的值
	R	Mn	Fe	
YbMn$_{0.7}$Fe$_{0.3}$O$_3$	43.3	9.73	4.27	1.00：0.71：0.31
YbMn$_{0.5}$Fe$_{0.5}$O$_3$	46.7	7.41	7.13	1.00：0.54：0.51
LuMnO$_3$	41.2	12.9		1.00：1.00
LuMn$_{0.9}$Fe$_{0.1}$O$_3$	36.5	10.3	1.16	1.00：0.87：0.11
LuMn$_{0.7}$Fe$_{0.3}$O$_3$	37.4	8.22	3.58	1.00：0.71：0.30
LuMn$_{0.5}$Fe$_{0.5}$O$_3$	44.7	7.02	7.13	1.00：0.51：0.49

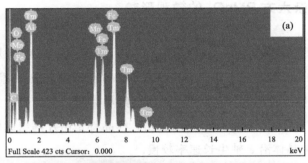

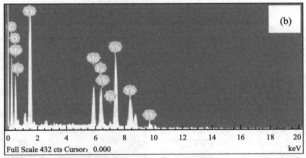

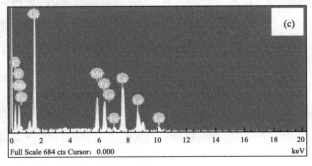

图 5-5　TmMn$_{0.5}$Fe$_{0.5}$O$_3$（a）、YbMn$_{0.5}$Fe$_{0.5}$O$_3$（b）和 LuMn$_{0.5}$Fe$_{0.5}$O$_3$（c）的 EDS 谱图

表 5-4 EDS 测量给出的各元素原子百分比

设计目标产物	EDS 测量原子百分比			计算得 R∶Mn∶Fe 的值
	R	Mn	Fe	
TmMn$_{0.5}$Fe$_{0.5}$O$_3$	7.74	4.07	3.61	1.01∶0.53∶0.47
YbMn$_{0.5}$Fe$_{0.5}$O$_3$	3.16	1.66	1.44	1.02∶0.535∶0.465
LuMn$_{0.5}$Fe$_{0.5}$O$_3$	5.38	2.82	2.60	0.99∶0.52∶0.48

注：其余为 O 元素的百分比。

5.3.3 Fe 掺杂六方 RMnO$_3$ 的微观形貌

图 5-6 给出了 RMnO$_3$（R 为 Er、Tm、Yb、Lu）的 SEM 照片。从图中可以看出，从 Er 到 Lu，随着稀土离子半径的减小，样品形貌呈现一定规律的变化，从 ErMnO$_3$ 的无规则大片晶到 TmMnO$_3$ 的较规则小片晶，最后到由片晶自组装而成的 YbMnO$_3$ 和 LuMnO$_3$ 球状体。可以看出，样品都是由片晶组成的，这是因为在 h-RMnO$_3$ 结构中晶体沿 c 轴生长速率较慢。

图 5-6

第 5 章　Fe 掺杂六方 RMnO$_3$ 的水热合成与反铁磁转变温度

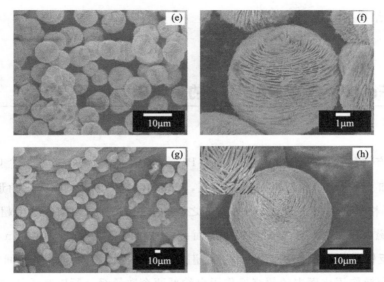

图 5-6　ErMnO$_3$[(a)、(b)]、TmMnO$_3$[(c)、(d)]、
YbMnO$_3$[(e)、(f)]、LuMnO$_3$[(g)、(h)]
在不同放大倍数下的 SEM 照片

　　YbMnO$_3$ 和 LuMnO$_3$ 同为球体，但粒径不同，直径分别约为 5～10μm 和 20～30μm，并且片晶的厚度不同。稀土离子半径较小的 LuMnO$_3$ 球体直径增大，片晶的厚度增加，而且片晶组装的致密度也增大。RMnO$_3$（R 为 Er、Tm、Yb、Lu）的形貌递变可能是因为稀土离子尺寸变化所致。稀土离子半径小的易于形成尺寸较小、厚度较大的片晶，其表面自由能较大，需通过团聚降低表面自由能，因而生成球体，且片晶越小，团聚能力越大，生成球体尺寸越大，致密度越高。Fe^{3+} 掺杂促进了 RMnO$_3$（R 为 Er、Tm、Yb、Lu）片晶的团聚。与 ErMnO$_3$ 和 TmMnO$_3$ 的片晶形貌相比，ErMn$_{0.5}$Fe$_{0.5}$O$_3$ 和 TmMn$_{0.5}$Fe$_{0.5}$O$_3$ 均呈球体形貌，如图 5-7 所示。从图中可以看出，ErMn$_{0.5}$Fe$_{0.5}$O$_3$ 样品含有少量菱形体，结合

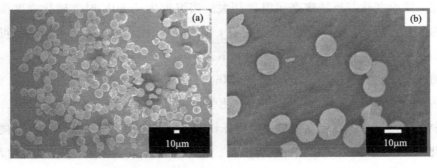

图 5-7　ErMn$_{0.5}$Fe$_{0.5}$O$_3$（a）和 TmMn$_{0.5}$Fe$_{0.5}$O$_3$（b）的 SEM 照片

XRD 分析结果推测其为正交相。

5.4 Fe 掺杂六方 RMnO₃ 的反铁磁转变温度

在六方锰酸盐 h-RMnO$_3$（空间群为 P6_3cm）中，每个 Mn^{3+} 被五个 O^{2-} 包围。其中 O1 和 O2 位于三角双锥的上下顶点，O3 和 O4 位于 a-b 面内三角形的顶点。Mn^{3+} 次晶格的磁有序是 Mn^{3+} 通过它们之间的非磁性 O^{2-} 为媒介发生超交换作用产生的。磁有序被 AFM 支配，在 a-b 面内，Mn-O3-Mn 和 Mn-O4-Mn 键角接近 120°，为反铁磁超交换作用。与面内的超交换作用相比，三角形平面间的 Mn-O-O-Mn 超交换作用比面内的超交换作用大约低两个数量级。所以锰酸盐中主要的超交换途径是 a-b 面内的 Mn-O-Mn 交换作用。

一般反铁磁相互作用的强度可以写成：$I = \frac{1}{2} J \sum \hat{S}_i \cdot \hat{S}_j$，这里 $\hat{S}_i$、$\hat{S}_j$ 是自旋算符，$\sum$ 是邻近的自旋操作的求和[266]，参数 J 与两个最近的自旋之间的距离成反比，即与 Mn-O(3,4) 成反比。h-RMnO$_3$ 的晶体结构主要建立在 MnO$_5$ 三角双锥的基础上，在晶体结构中包括五个 Mn-O 键长：其中 Mn-O1 和 Mn-O2 沿着晶轴 c，Mn-O3 和一对 Mn-O4 键在 a-b 面内。因为 Mn-O(3,4) 都在 a-b 面内，所以 Mn-O(3,4) 键长随着晶胞参数 a 而变化。晶胞参数 a 的减小导致 J 增强，因此 AFM 转变温度会上升。

图 5-8 给出了 100Oe 外磁场下 ErMnO$_3$ 样品在 2～350K 下的零场冷（ZFC）和场冷（FC）磁化强度曲线图。从图中可以看出，80K 时曲线上发生一个小的特征变化，这个变化与反铁磁奈尔温度相关。当温度大于 80K 时，磁化强度倒数的温度曲线（1/M-T）符合居里-外斯定律，如图 5-8 中的内嵌图所示。因此可以得出，ErMnO$_3$ 的反铁磁奈尔温度 T_N=80K。

图 5-9 给出了 100Oe 外磁场下 TmMn$_{1-x}$Fe$_x$O$_3$（x=0，0.1，0.3 和 0.5）系列样品在 2～350K 下的 ZFC 和 FC 磁化强度曲线。在 ZFC 和 FC 曲线中，每个样品中都存在与奈尔温度 T_N 相关的特征转变。插图中给出了磁化强度倒数随温度的变化曲线与高温区的居里-外斯拟合。可以看出，随着 Fe 掺杂浓度的增大，TmMn$_{1-x}$Fe$_x$O$_3$（x=0，0.1，0.3 和 0.5）的反铁磁奈尔温度 T_N 升高，依次为

第 5 章 Fe 掺杂六方 $RMnO_3$ 的水热合成与反铁磁转变温度

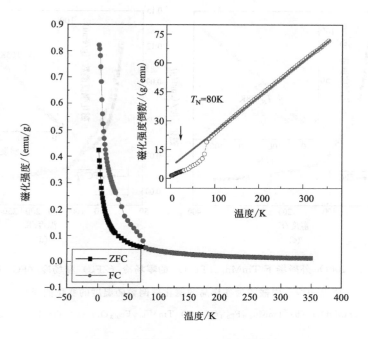

图 5-8 100Oe 外磁场下 $ErMnO_3$ 的零场冷（ZFC）和场冷（FC）磁化强度曲线

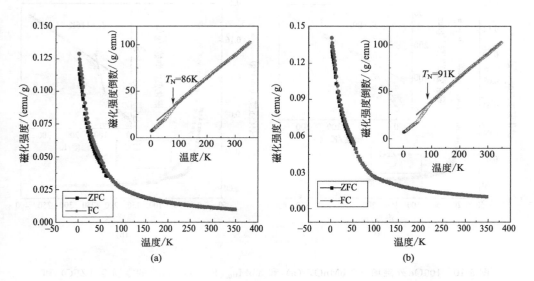

图 5-9

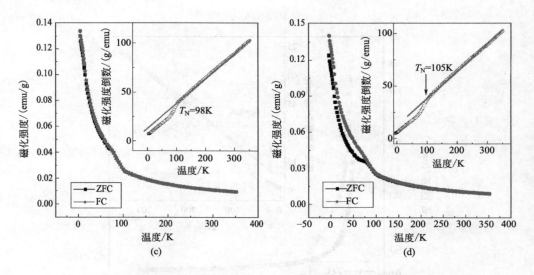

图 5-9 100Oe 外磁场下 $TmMn_{1-x}Fe_xO_3$ 的零场冷（ZFC）和场冷（FC）磁化强度曲线（内嵌图为各样品的磁化率倒数随温度的变化曲线）

(a) $TmMnO_3$；(b) $TmMn_{0.9}Fe_{0.1}O_3$；(c) $TmMn_{0.7}Fe_{0.3}O_3$；(d) $TmMn_{0.5}Fe_{0.5}O_3$

86K、91K、98K 和 105K，表明 Fe 掺杂提高了 $TmMnO_3$ 的反铁磁奈尔温度 T_N。

图 5-10 和图 5-11 分别给出了 100Oe 外磁场下 $YbMn_{1-x}Fe_xO_3$（$x=0$，0.5）

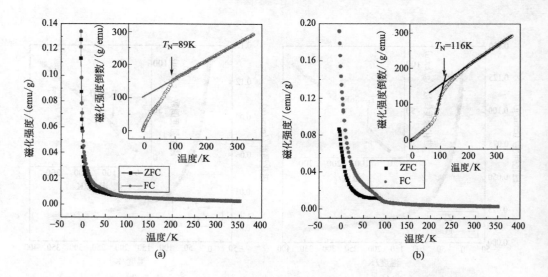

图 5-10 100Oe 外磁场下 $YbMnO_3$（a）和 $YbMn_{0.5}Fe_{0.5}O_3$（b）的零场冷（ZFC）和场冷（FC）磁化强度曲线（内嵌图为磁化率倒数随温度的变化曲线）

第5章 Fe掺杂六方RMnO₃的水热合成与反铁磁转变温度

和 LuMn$_{1-x}$Fe$_x$O$_3$（$x=0$，0.5）在 2～350K 下的 ZFC 和 FC 曲线图。从磁化强度倒数随温度的变化曲线（1/M-T）上可以看出，所有的样品都表现了反铁磁转变。YbMn$_{1-x}$Fe$_x$O$_3$（$x=0$，0.5）的反铁磁奈尔温度 T_N 分别为 89K 和 116K，LuMn$_{1-x}$Fe$_x$O$_3$（$x=0$，0.5）的反铁磁奈尔温度 T_N 分别为 90K 和 119K，Fe 掺杂提高了 YbMnO$_3$ 和 LuMnO$_3$ 的反铁磁奈尔温度 T_N。另外，LuMn$_{0.5}$Fe$_{0.5}$O$_3$ 还同时显示了自旋重取向现象，这和前文中所提到的水热合成 LuFeO$_3$ 样品相同。

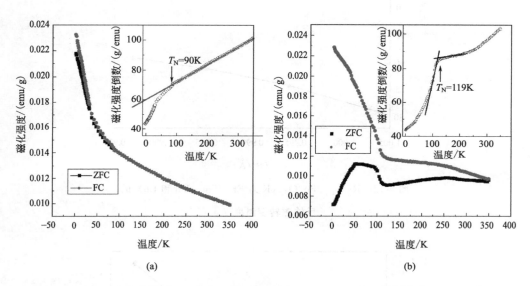

图 5-11 100O 外磁场下 LuMnO$_3$（a）和 LuMn$_{0.5}$Fe$_{0.5}$O$_3$（b）的零场冷（ZFC）和场冷（FC）磁化强度曲线（内嵌图为磁化率倒数随温度的变化曲线）

图 5-12 给出了未掺杂的 RMnO$_3$（R 为 Er、Tm、Yb 和 Lu）和三个 Fe 半掺杂样品 RMn$_{0.5}$Fe$_{0.5}$O$_3$（R=Tm，Yb，Lu）的反铁磁转变温度 T_N。从图中可以看出，随着稀土离子半径的减小，反铁磁转变温度 T_N 升高。这是因为 Mn^{3+}-O-Mn^{3+} 反铁磁超交换作用发生在 a-b 面，而随着稀土离子半径的减小，晶胞参数 a 会减小，其 AFM 超交换作用增强，所以最终导致反铁磁转变温度 T_N 的升高。Fe 掺杂使反铁磁转变温度 T_N 升高，其原因可归结为：Fe 的掺杂引入了 Fe-O-Fe 和 Fe-O-Mn 超交换作用，超交换作用的强度顺序为 Mn-O-Mn<Fe-O-Mn<Fe-O-Fe，所以 Fe 的引入导致反铁磁转变温度 T_N 升高；另外，随着铁含量的增加，晶胞参数 a 减小，这也导致反铁磁超交换作用增强，反铁磁转变温度 T_N 升高。

图 5-13 给出了 TmMn$_{1-x}$Fe$_x$O$_3$ ($x=0$, 0.1, 0.3, 0.5) 的反铁磁奈尔温度 T_N 与 Fe 掺杂量 x 的函数关系。可以很清晰地看到,T_N 随着 Fe 掺杂量的增大而

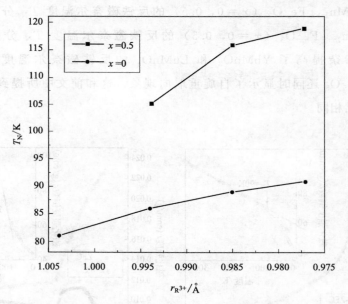

图 5-12　RMn$_{1-x}$Fe$_x$O$_3$ (R 为 Er、Tm、Yb 和 Lu) 的
反铁磁转变温度 T_N

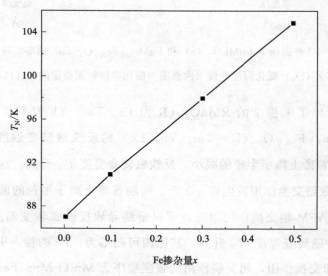

图 5-13　TmMn$_{1-x}$Fe$_x$O$_3$ 的反铁磁奈尔温度
T_N 与 Fe 掺杂量 x 的关系

线性升高。其原因是超交换作用增强，而引起超交换作用增强的原因有两个：一是 Fe-O-Fe 和 Fe-O-Mn 超交换作用的引入，二是晶胞参数 a 减小。

5.5 本章小结

本章介绍水热合成 Fe 掺杂的六方稀土锰氧化物 $RMn_{1-x}Fe_xO_3$（R 为 Er、Tm、Yb、Lu；$x=0$，0.1，0.3，0.5）；研究了合成条件对产物生成的影响，表征了产物的晶体结构、微观形貌与反铁磁转变。主要结论如下：

① 对于 R 为 Er，只有 $x=0$ 时产物为六方单相；$x=0.1$，0.3 和 0.5 时产物为六方和正交的混合相。对于 R 为 Tm，Yb 和 Lu，$x=0$，0.1，0.3，0.5 时产物全部为六方单相。

② 未掺杂的六方稀土锰氧化物 $RMnO_3$（R 为 Er、Tm、Yb、Lu）的晶胞参数 a 和 c 随稀土离子半径的减小而减小。晶胞参数 a 减小导致 Mn-O3(O4) 键长减小，重叠积分和共价性增加，反铁磁相互作用增强，反铁磁转变温度 T_N 升高。

③ Fe^{3+} 与 Mn^{3+} 3d 壳层电子数及离子电负性的差别导致随着 Fe 掺杂量 x 的增大，$RMn_{1-x}Fe_xO_3$（R 为 Tm、Yb、Lu，$x=0$，0.1，0.3，0.5）的晶胞参数 c 增大和 a 减小。

④ Fe 掺杂有效提高了反铁磁转变温度 T_N。T_N 随着 Fe 含量的增大而线性升高，归因于超交换作用增强，而引起超交换作用增强的原因有两个：一是 Fe-O-Fe 和 Fe-O-Mn 超交换作用的引入，二是晶胞参数 a 减小。

参 考 文 献

[1] Hua S Z, Chopra H D. 100000% Ballistic Magnetoresistance in Stable Ni Nanocontacts at Room Temperature [J]. Physical Review B, 2003, 67: 060401.

[2] Baibich M N, Broto J M, Fert A, Nguyen F, Petroff F. Giant Magnetoresistance of (001) Fe/(001) Cr Magnetic Superlattices [J]. Physical Review Letters, 1988, 61: 2472-2475.

[3] Uehara M, Mori S, Chen C H, Cheong S W. Percolative Phase Separation Underlies Colossal Magnetoresistance in Mixed-valent Manganites [J]. Nature, 1999, 399: 560-563.

[4] Taguchi K, Yokoyama T, Tanaka Y. Giant Magnetoresistance in the Junction of Two Ferromagnets on the Surface of Diffusive Topological Insulators [J]. Physical Review B, 2014, 89: 085407.

[5] Çaklr D, Otálvaro D M, Brocks G. From Spin-polarized Interfaces to Giant Magnetoresistance in Organic Spin Valves [J]. Physical Review B, 2014, 89: 115407.

[6] Azimi M, Chotorlishvili L, Mishra S K, Greschner S, Vekua T, Berakdar J. Helical Multiferroics for Electric Field Controlled Quantum Information Processing [J]. Physical Review B, 2014, 89: 024424.

[7] Yang Y R, Íñiguez J, Mao A J, Bellaiche L. Prediction of a Novel Magnetoelectric Switching Mechanism in Multiferroics [J]. Physical Review Letter, 2014, 112: 057202.

[8] Scott J F. Room-temperature Multiferroic Magnetoelectrics [J]. NPG Asia Materials, 2013, 5: e72.

[9] Dong S, Liu J M. Recent Progress of Multiferroic Perovskite Manganites [J]. Modern Physics Letters B, 2012, 26: 1230004.

[10] Ghosez P, Triscone J M. Multiferroics: Coupling of Three Lattice Instabilities [J]. Nature Materials, 2011, 10: 269-270.

[11] Lawes G, Srinivasan G. Introduction to Magnetoelectric Coupling and Multiferroic Films [J]. Journal of Physics D: Applied Physics, 2011, 44: 243001.

[12] 刘俊明, 南策文. 多铁性十年回眸 [J]. 物理, 2014, 43: 88-98.

[13] 董帅, 向红军. 磁致多铁性物理与新材料设计 [J]. 物理, 2014, 43: 173-182.

[14] Tokunaga M. Studies on Multiferroic Materials in High Magnetic Fields [J]. Frontiers of Physics, 2012, 7: 386-398.

[15] Alaria J, Borisov P, Dyer M S, Manning T D, Lepadatu S, Cain M G, Mishina E D, Sherstyuk N E, Ilyin N A, Hadermann J, Lederman D, Claridge J B, Rosseinsky M J. Engineered Spatial Inversion Symmetry Breaking in an Oxide Heterostructure Built from Isosymmetric Room-temperature Magnetically Ordered Components [J]. Chemical Science, 2014, 5: 1599-1610.

[16] Bibes M. Nanoferronics Is a Winning Combination [J]. Nature Materials, 2012, 11: 354-357.

[17] Seki S, Yu X Z, Ishiwata S, Tokura Y. Observation of Skyrmions in a Multiferroic Material [J]. Science, 2012, 336: 198-201.

[18] Tokura Y. Multiferroics as Quantum Electromagnets [J]. Science, 2006, 312: 1481-1482.

[19] Tokura Y. Multiferroics—toward Strong Coupling between Magnetization and Polarization in a Solid [J]. Journal of Magnetism and Magnetic Materials, 2007, 310: 1145-1150.

[20] Lottermoser T, Lonkai T, Amann U, Hohlwein D, Ihringer J, Fiebig M. Magnetic Phase Control by an Electric Field [J]. Nature, 2004, 430: 541-544.

[21] Raveau B, Maignan A, Martin C, Hervieu M. Colossal Magnetoresistance Manganite Perovskites: Relations between Crystal Chemistry and Properties [J]. Chemistry of Materials, 1998, 10: 2641-2652.

[22] Cai J W, Wang C, Shen B G, Zhao J G, Zhan W S. Colossal Magnetoresistance of Spin-Glass Perovskite $La_{0.67}Ca_{0.33}Mn_{0.9}Fe_{0.1}O_3$ [J]. Applied Physics Letters, 1997, 71: 1727-1729.

[23] Sergienko I A, Dagotto E. Role of the Dzyaloshinskii-Moriya Interaction in Multiferroic Perovskites [J]. Physical Review B, 2006, 73: 094434.

[24] Dong S, Yu R, Yunoki S, Liu J M, Dagotto E. Origin of Multiferroic Spiral Spin Order in the $RMnO_3$ Perovskites [J]. Physical Review B, 2008, 78: 155121.

[25] Walker H C, Fabrizi F, Paolasini L, De Bergevin F, Herrero-Martin J, Boothroyd A T, Prabhakaran D, MeMorrow D F. Femtoscale Magnetically Induced Lattice Distortions in Multiferroic $TbMnO_3$ [J]. Science, 2011, 333: 1273-1276.

[26] Pimenov A, Mukhin A A, Ivanov V Y, Travkin V D, Balbashov A M, Loidl A. Possible Evidence for Electromagnons in Multiferroic Manganites [J]. Nature Physics, 2006, 2: 97-100.

[27] Schmid H. Multi-ferroic Magnetoelectrics [J]. Ferroelectrics, 1994, 162: 665-685.

[28] Wang J, Neaton J B, Zheng H, Nagarajan V, Ogale S B, Liu B, Viehland D, Vaithyanathan V, Schlom D G, Waghmare U V, Spaldin N A, Rabe K M, Wuttig M, Ramesh R. Epitaxial $BiFeO_3$ Multiferroic Thin Film Heterostructures [J]. Science, 2003, 299: 1719-1722.

[29] Kimura T, Goto T, Shintani H, Ishizaka K, Arima T, Tokura Y. Magnetic Control of Ferroelectric Polarization [J]. Nature, 426: 55-58.

[30] 李晓光,南策文. 多铁材料 [J]. 科学前沿, 2018, 13: 45-47.

[31] Khomskii D I. Trend: Classifying Multiferroics: Mechanisms and Effects [J]. Science, 2009, 326: 375-376.

[32] Seshadri R, Hill N A. Visualizing the Role of Bi 6s "Lone Pairs" in the Off-Center Distortion in Ferromagnetic $BiMnO_3$ [J]. Chemistry of Materials, 2001, 13: 2892-2899.

[33] Waston G W, Parker S C, Kresse G. ab Initio Calculation of the Distortion of α-PbO [J]. Physical Review B, 1999, 59: 8481-8486.

[34] Johnson R D, Barone P, Bombardi A, Bean R J, Picozzi S, Radaelli P G, Oh Y S, Cheong S W, Chapon L C. X-Ray Imaging and Multiferroic Coupling of Cycloidal Magnetic Domains in Ferroelectric Monodomain $BiFeO_3$ [J]. Physical Review Letters, 2013, 110: 217206.

[35] Aken B B V, Palstra T T M, Filippetti A, Spaldin N A. The Origin of Ferroelectricity in Magnetoelectric $YMnO_3$ [J]. Nature Materials, 2004, 3: 164-170.

[36] Tokura Y, Nagaosa N. Orbital Physics in Transition-Metal Oxides [J]. Science, 2000, 288: 462-468.

参考文献

[37] Kimura T, Goto T, Shintani H, Ishizaka K, Arima T, Tokura Y. Magnetic Control of Ferroelectric Polarization [J]. Nature, 2003, 426: 55-58.

[38] Tokunaga Y, Iguchi S, Arima T, Tokura Y. Magnetic-field-induced Ferroelectric State in $DyFeO_3$ [J]. Physical Review Letters, 2008, 101: 097205.

[39] Tokunaga Y, Furukawa N, Sakai H, Taguchi Y, Arima T, Tokura Y. Composite Domain Walls in a Multiferroic Perovskite Ferrite [J]. Nature Materials, 2009, 8: 558-562.

[40] Wang X, Chai Y S, Zhou L. Observation of Magnetoelectric Multiferroicity in a Cubic Perovskite System: $LaMn_3Cr_4O_{12}$ [J]. Physical Review Letters, 2015, 115: 087601.

[41] Goldschmidt V M, Barth T, Lunde G, Zachariasen W. Geochemische Verteilungsgesetze der Elemente: 7, Die Gesetze der Krystallochemie PtⅦ [M]. Oslo: Skrifter Norske Videnskabs-Akademi, 1926.

[42] Goodenough J B, Lango J M. Crystallographic and Magnetic Properties of Perovskite and Perovskite-related Compounds [M]. Berlin: Springer, 1970.

[43] Jahn H A, Teller E. Stability of Polyatomic Molecules in Degenerate Electronic States. I. Orbital Degeneracy [J]. Proceedings of the Royal Society of London Series A-Mathematical and Physical Sciences, 1937, 161: 220-235.

[44] Tokura Y. Colossal Magnetoresistive Oxides [M]. London: Taylor & Francis Ltd, 2000.

[45] Kanamori J. Crystal Distortion in Magnetic Compounds [J]. Journal Applied Physics, 1960, 31: 14S-23S.

[46] Zhou J S, Goodenough J B, Gallardo-Amores J M, Morán E, Alario-Franco M A, Caudillo R. Hexagonal versus Perovskite Phase of Manganite $RMnO_3$ (R = Y, Ho, Er, Tm, Yb, Lu) [J]. Physical Review B, 2006, 74: 014422.

[47] Wollan E O, Koehler W C. Neutron Diffraction Study of the Magnetic Properties of the Series of Perovskite-Type Compounds $La_{1-x}Ca_xMnO_3$ [J]. Physical Review, 1955, 100: 545-563.

[48] Heisenberg W. Zur Theorie des Ferromagnetismus [J]. Zeitschrift Für Physik, 1928, 49: 619-636.

[49] Kramers H A. L'interaction Entre les Atomes Magnétogènes dans un Cristal Paramagnétique [J]. Physica, 1934, 1: 182-192.

[50] Anderson P W. Antiferromagnetism Theory of Superexchange Interaction [J]. Physical Review, 1950, 79: 350-356.

[51] Goodenough J B. Theory of the Role of Covalence in the Perovskite-Type Manganites [La, M (Ⅱ)] MnO_3 [J]. Physical Review, 1955, 100: 564-573.

[52] Anderson P W. In Magnetism [M]. New York: Acaddemic Press, 1963.

[53] Goodenough J B. Magnetism and the Chemical Bond [M]. New York: Interscience Publisher, 1963.

[54] Zener C. Interaction between the d-Shells in the Transition Metals. Ⅱ. Ferromagnetic Compounds of Manganese with Perovskite Structure [J]. Physical Review, 1951, 82: 403-405.

[55] Gennes P G. Effects of Double Exchange in Magnetic Crystals [J]. Physical Review, 1960, 118: 141-154.

[56] Dzyaloshinskii I. A Thermodynamic Theory of "Weak" Ferromagnetism of Antiferromagnetics [J].

Journal of Physics and Chemistry of Solids, 1958, 4: 241-255.

[57] Moriya T. New Mechanism of Anisotropic Superexchange Interaction [J]. Physical Review Letters, 1960, 4: 228-230.

[58] Joy P A, Anil Kumar P S, Date S K. The Relationship between Field-cooled and Zero-field-cooled Susceptibilities of Some Ordered Magnetic Systems [J]. Journal of Physics: Condensed Matter, 1998, 10: 11049-11054.

[59] Cannella V, Mydosh J A. Magnetic Ordering in Gold-Iron Alloys [J]. Physical Review B, 1972, 6: 4220-4237.

[60] Yuan F, Du J, Shen B L. Controllable Spin-glass Behavior and Large Magnetocaloric Effect in Gd-Ni-Al Bulk Metallic Glasses [J]. Applied Physics Letters, 2012, 101: 032405.

[61] Lines M, Glass A. Principles and Applications of Ferroelectrics and Related Materials [M]. Oxford: Clarendon Press, 1979.

[62] 许煜寰. 铁电与压电材料 [M]. 北京: 科学出版社, 1978.

[63] Cheong S W, Mostovoy M. Multiferroics: A Magnetic Twist for Ferroelectricity [J]. Nature Materials, 2007, 6: 13-20.

[64] Viret M, Ranno L, Coey M D. Magnetic Localization in Mixed-valence Manganites [J]. Physical Review B, 1997, 55: 8067-8070.

[65] Anil Kumar P S, Joy P A, Date S K. Origin of the Cluster-glass-like Magnetic Properties of the Ferromagnetic System $La_{0.5}Sr_{0.5}CoO_3$ [J]. Journal of Physics: Condensed Matter, 1998, 10: 487-494.

[66] Helmolt R V, Wecker J, Holzapfel B, Schultz L, Samwer K. Giant Negative Magnetoresistance in Perovskitelike $La_{2/3}Ba_{1/3}MnO_x$ Ferromagnetic Films [J]. Physical Review Letters, 1993, 71: 2331-2333.

[67] Jin S, Teifel T H, McCormack M, Fastnacht R A, Ramesh R, Chen L H. Thousandfold Change in Resistivity in Magnetoresistive La-Ca-Mn-O Films [J]. Science, 1994, 264: 413-415.

[68] Xiong G C, Li O, Ju H L, Mao S N, Senapati L, Xi X X, Greene R L, Venkatesan T. Giant Magnetoresistance in Epitaxial $Nd_{0.7}Sr_{0.3}MnO_{3-\delta}$ Thin Films [J]. Applied Physics Letters, 1995, 66: 1427-1429.

[69] Pickett W E, Singh D J. Electronic Structure and Half-metallic Transport in the $La_{1-x}Ca_xMnO_3$ System [J]. Physical Review B, 1996, 53: 1146-1160.

[70] Li Z Q, Zhang D X, Zhang X H, Gao Y Q, Liu X J, Jiang E Y. Charge Ordering Characteristics in $Y_{0.5}Ca_{0.5}MnO_3$ Manganite [J]. Physics Letters A, 2007, 370: 512-516.

[71] Joshi J P, Bhagwat A R, Sarangi S, Sharma A, Bhat S V. Charge Ordering and Antiferromagnetic Transitions in $Nd_xCa_{1-x}MnO_3$ ($x=0.2, 0.3$) Manganites [J]. Physica B, 2004, 349: 35-43.

[72] Zhang X H, Li Z Q, Song W, Du X W, Wu P, Bai H L, Jiang E Y. Magnetic Properties and Charge Ordering in $Pr_{0.75}Na_{0.25}MnO_3$ Manganite [J]. Solid State Communications, 2005, 135: 356-360.

[73] Respaud M, Broto J M, Rakoto H, Goiran M, Llobet A, Frontera C, Garcia Muñoz J L, Vanacken

J. Stability of Charge-ordering and H-T Diagrams of $Ln_{1-x}Ca_xMnO_3$ Manganites in Pulsed Magnetic Field up to 50T [J]. Journal of Magnetism and Magnetic Materials, 2000, 211: 128-132.

[74] Autret C, Gervais M, Gervais F, Raimboux N, Simon P. Signature of Ferromagnetism, Antiferromagnetism, Charge Ordering and Phase Separation by Electron Paramagnetic Resonance Study in Rare Earth Manganites, $Ln_{1-x}A_xMnO_3$ (Ln=Rare Earth, A=Ca, Sr) [J]. Solid State Sciences, 2004, 6: 815-824.

[75] Chau N, Tho N D, Luong N H, Giang B H, Cong B T. Spin Glass-like State, Charge Ordering, Phase Diagram and Positive Entropy Change in $Nd_{0.5-x}Pr_xSr_{0.5}MnO_3$ Perovskites [J]. Journal of Magnetism and Magnetic Materials, 2006, 303: e402-e405.

[76] Kuberkar D G, Rana D S, Thaker C M, Mavani K R, Kundaliya D C, Malik S K. Ferromagnetism and Charge Ordering in $(LaR)_{0.5}(CaSr)_{0.5}MnO_3$ (R=Nd, Eu, Tb) Compounds [J]. Journal of Magnetism and Magnetic Materials, 2004, 272-276: 1823-1825.

[77] Dong S, Dai S, Yao X Y, Wang K F, Zhu C, Liu J M. Jahn-Teller Distortion Induced Charge Ordering in the CE Phase of Manganites [J]. Physical Review B, 2005, 73: 104404.

[78] Chen C H, Cheong S W. Commensurate to Incommensurate Charge Ordering and Its Real-Space Images in $La_{0.5}Ca_{0.5}MnO_3$ [J]. Physical Review Letters, 1996, 76: 4042-4045.

[79] Ramirez A P. Colossal Magnetoresistance [J]. Journal of Physics: Condensed Matter, 1997, 9: 8171-8199.

[80] Radaelli P G, Cox D E, Marezio M, Cheong S W. Charge, Orbital and Magnetic Ordering in $La_{0.5}Ca_{0.5}MnO_3$ [J]. Physical Review B, 1997, 55: 3015.

[81] Gnatchenko S L, Chizhik A B, Merenkov D N, Eremenko V V, Szymczak H, Szymczak R, Fronc K, Zuberek R. Magnetic Field-induced Spin Reorientation in Gadolinium Surface Layer of Gd/Fe Multilayers [J]. Journal of Magnetism and Magnetic Materials, 1998, 186: 139-153.

[82] Miao B F, Millev Y T, Sun L, You B, Zhang W, Ding H F. Thickness-driven Spin Reorientation Transition in Ultrathin Films [J]. Science China Physics, Mechanics & Astronomy, 2013, 56: 70-84.

[83] Kamzin A S, Vcherashnii D B. Spin-reorientation Phase Transition on the Surface and in the Bulk of α-Fe_2O_3 Single Crystals [J]. Journal of Experimental and Theoretical Physics Letters, 2002, 75: 575-578.

[84] Lin M T, Shen J, Kuch W, Jenniches H, Klaua M, Schneider C M, Kirschner J. Structural Transformation and Spin-reorientation Transition in Epitaxial Fe/Cu_3Au (100) Ultrathin Films [J]. Physical Review B, 1997, 55: 5886-5897.

[85] Prokhnenko O, Feyerherm R, Dudzik E, Landsgesell S, Aliouane N, Chapon L C, Argyriou D N. Enhanced Ferroelectric Polarization by Induced Dy Spin Order in Multiferroic $DyMnO_3$ [J]. Physical Review Letters, 2007, 98: 057206.

[86] Lottermoser T, Fiebig M. Magnetoelectric Behavior of Domain Walls in Multiferroic $HoMnO_3$ [J]. Physical Review B, 2004, 70: 220407.

[87] Graboy I E, Bosak A A, Gorbenko O Y, Kaul A R, Dubourdieu C, Sénateur J P, Svetchnikov V L, Zandbergen H W. HREM Study of Epitaxially Stabilized Hexagonal Rare Earth Manganites [J]. Chemistry of Materials, 2003, 15: 2632-2637.

[88] Kamilov I K, Gamzatov A G, Batdalov A G, Mankevich A S, Korsakov I E. Heat Capacity and Magnetocaloric Properties of $La_{1-x}K_xMnO_3$ Manganites [J]. Physics of the Solid State, 2010, 53: 789-793.

[89] Laiho R, Lisunov K G, Lähderanta E, Petrenko P, Salminen J, Stamov V N, Zakhvalinskii V S. Coexistence of Ferromagnetic and Spin-glass Phenomena in $La_{1-x}Ca_xMnO_3(0 \leqslant x \leqslant 0.4)$ [J]. Journal of Physics: Condensed Matter, 2000, 12: 5751-5764.

[90] Eremina R M, Yatsyk I V, Mukovskiĭ Y M, Krug von Nidda H A, Loidl A. Determination of the Region of Existence of Ferromagnetic Nanostructures in the Paraphase of $La_{1-x}Ba_xMnO_3$ by the EPR Method [J]. JETP Letters, 2007, 85: 51-54.

[91] Phan T L, Min S G, Phan M H, Ha N D, Chau N, Yu S C. ESR Study of $La_{1-x}Pb_xMnO_3(0.1 \leqslant x \leqslant 0.5)$ Perovskites [J]. Physica Status Solidi B, 2007, 244: 1109-1117.

[92] Hua Q Q, Zhang L S, Wang P J. Laser-Induced Thermoelectric Voltage in $La_{0.5}Pr_{0.5}MnO_3$ Thin Film [J]. Advanced Materials Research, 2011, 287-290: 2248-2251.

[93] Li X G, Chen C, Liu C, Xian H, Guo L, Lv J L, Jiang Z, Vernoux P. Pd-Doped Perovskite: An Effective Catalyst for Removal of NO_x from Lean-Burn Exhausts with High Sulfur Resistance [J]. ACS Catalysis, 2013, 3 (6): 1071-1075.

[94] Kannan R, Vanidha D, Arun Kumar A, Rama Tulasi K U, Sivakumar R. Metal-insulator Phase Transition and Structural Stability in "Sb" Doped $CaMnO_3$ Perovskite [J]. International Journal of Materials Science and Applications, 2013, 2 (4): 128-135.

[95] Zhang Y, Hao J, Mak C L, Wei X. Effects of Site Substitutions and Concentration on Upconversion Luminescence of Er^{3+}-doped Perovskite Titanate [J]. Optics Express, 2011, 19 (3): 1824-1829.

[96] Ishigaki T, Hatsumori T, Sakamoto T, Uematsu K, Toda K, Sato M. Synthesis of Eu^{2+}-doped A-site and Oxygen-deficient Perovskite Related Host for Photoluminescent Materials [J]. Physica Status Solidi (c), 2011, 8: 2728-2730.

[97] 杨虹，齐伟华，纪登辉，等．钙钛矿锰氧化物 $La_{2/3}Sr_{1/3}Fe_xMn_{1-x}O_3$ 的结构与磁性研究 [J]. 物理学报，2014, 63: 087503.

[98] Chen Y, Wang G H, Zhang S, Lei X Y, Zhu J Y, Tang X D, Wang Y L, Dong X L. Magnetocapacitance Effects of $Pb_{0.7}Sr_{0.3}TiO_3/La_{0.7}Sr_{0.3}MnO_3$ Thin Film on Si Substrate [J]. Physical Review Letters, 2011, 98 (5): 052910.

[99] Zhang G H, Fan M. Synthesis and Magnetic Properties of Double B Mixed Perovskite Series $La_{0.75}K_{0.25}Mn_{1-x}Fe_xO_3$ [J]. Chemistry Letters, 2011, 40: 244-245.

[100] Fujishiro H, Fukase T, Ikebe M. Anomalous Lattice Softening at $x=0.19$ and 0.82 in $La_{1-x}Ca_xMnO_3$ [J]. Journal of Physical Society of Japan, 2001, 70: 628-631.

参考文献

[101] Fujishiro H, Fukase T, Ikebe M. Charge Ordering and Sound Velocity Anomaly in $La_{1-x}Sr_xMnO_3$ ($x\sim0.5$)[J]. Journal of Physical Society of Japan, 1998, 67: 2582-2585.

[102] Zhou Y, Zhu Y, Langner M C, Chuang Y D, Yu P, Yang W L, Cruz Gonzalez A G, Tahir N, Rini M, Chu Y H, Ramesh R, Lee D H, Tomioka Y, Tokura Y, Hussain Z, Schoenlein R W. Ferromagnetic Enhancement of CE-Type Spin Ordering in (Pr, Ca)MnO_3 [J]. Physical Review Letters, 2011, 106: 186404.

[103] Inaba K, Kobayashi S, Uehara K, Okada A, Reddy S, Endo T. High Resolution X-Ray Diffraction Analyses of (La, Sr)MnO_3/ZnO/Sapphire (0001) Double Heteroepitaxial Films [J]. Advances in Materials Physics and Chemistry, 2013, 3: 72-89.

[104] Zhu Y Y, Du K, Niu J B, et al. Chemical ordering suppresses large-scale electronic phase separation in doped manganites [J]. Nature Commun, 2016, 7 (561): 11260-11263.

[105] Zhang X, Fan J, Xu L, et al. Evidence of emerging Griffiths singularity in $La_{0.5}Sr_{0.5}MnO_3$ nanocrystalline probed by magnetization and electron paramagnetic resonance [J]. Mater Chem Phys, 2016, 175 (46): 62-68.

[106] Chen L, Fan J, Tong W, et al. Evolution of the intrinsic electronic phase separation in $La_{0.6}Er_{0.1}Sr_{0.3}MnO_3$ perovskite [J]. Sci Rep, 2016, 6 (75): 14-20.

[107] Gilev A R, Hossain A, Kiselev E A, Cherepanov V A. A-site substitution effect on crystal structure and properties of $Nd_{1-x}A_xMn_{0.5}Fe_{0.5}O_{3-\delta}$ (A=Ca, Sr, Ba; $x=0, 0.25$). Solid State Ionics, 2018, 323: 64-71.

[108] Linh D C, Thanh T D, Anh L H, Dao V D, Piao H G, Yu S C. Critical properties around the ferromagnetic-paramagnetic phase transition in $La_{0.7}Ca_{0.3-x}A_xMnO_3$ compounds (A=Sr, Ba and $x=0$, 0.15, 0.3). Journal of Alloys and Compounds, 2017, 725: 484-495.

[109] Abdouli Kh, Cherif W, Omrani H, Mansouri M, et al. Structural, magnetic and magnetocaloric properties of $La_{0.5}Sm_{0.2}Sr_{0.3}Mn_{1-x}Fe_xO_3$ compounds with ($0 \leqslant x \leqslant 0.15$). Journal of Magnetism and Magnetic Materials, 2019, 475: 635-642.

[110] Khomskii D I. Multiferroics: Different Ways to Combine Magnetism and Ferroelectricity [J]. Journal of Magnetism and Magnetic Materials, 2006, 306: 1-8.

[111] Vega D, Polla G, Leyva A G, Konig P, Lanza H, Esteban A, Aliaga H, Causa M T, Tovar M, Alascio B. Structural Phase Diagram of $Ca_{1-x}Y_xMnO_3$: Characterization of Phases [J]. Journal of Solid State Chemistry, 2001, 156: 458-463.

[112] Lorenz B, Wang Y Q, Chu C W. Ferroelectricity in Perovskite $HoMnO_3$ and $YMnO_3$ [J]. Physical Review B, 2007, 76: 104405.

[113] Ishiwata S, Kaneko Y, Tokunaga Y, Taguchi Y, Arima T, Tokura Y. Perovskite Manganites Hosting Versatile Multiferroic Phases with Symmetric and Antisymmetric Exchange Strictions [J]. Physical Review B, 2010, 81: 100411.

[114] Alonso J A, Martinez-Lope M J, Casais M T, Fernandez-Diaz M T. Evolution of the Jahn-Teller Dis-

tortion of MnO$_6$ Octahedra in RMnO$_3$ Perovskites (R=Pr, Nd, Dy, Tb, Ho, Er, Y): A Neutron Diffraction Study [J]. Inorganic Chemistry, 2000, 39: 917-923.

[115] Haw S C, Lee J M, Chen S A, Lu K T, Chou F C, Hiraoka N, Ishii H, Tsuei K D, Lee C H, Chen J M. Electronic Structure and Crystal Structure of Multiferroic o-YMnO$_3$ at High Temperature [J]. Journal of the Physical Society of Japan, 2013, 82: 124801.

[116] Ishiwata S, Tokunaga Y, Taguchi Y, Tokura Y. High-Pressure Hydrothermal Crystal Growth and Multiferroic Properties of a Perovskite YMnO$_3$ [J]. Journal of American Chemical Society, 2011, 133: 13818-13820.

[117] Tao Y M, Lin L, Dong S, Liu J M. Multiferroic Phase Transitions in Manganites RMnO$_3$: A Two-orbital Double Exchange Simulation [J]. Chinese Physics B, 2012, 21: 107502.

[118] Goto T, Kimura T, Lawes G, Ramirez A P, Tokura Y. Ferroelectricity and Giant Magnetocapacitance in Perovskite Rare-earth Manganites [J]. Physical Review Letters, 2004, 92: 257201.

[119] Mostovoy M. Ferroelectricity in Spiral Magnets [J]. Physical Review Letters, 2006, 96: 067601.

[120] Sergienko I A, Sen C, Dagotto E. Ferroelectricity in the Magnetic E-Phase of Orthorhombic Perovskites [J]. Physical Review Letters, 2006, 97: 227204.

[121] Staruch M, Violette D, Jain M. Structural and Magnetic Properties of Multiferroic Bulk TbMnO$_3$ [J]. Materials Chemistry and Physics, 2013, 139: 897-900.

[122] Jang H Y, Lee J S, Ko K T, Noh W S, Koo T Y, Kim J Y, Lee K B, Park J H, Zhang C L, Kim S B, Cheong S W. Coupled Magnetic Cycloids in Multiferroic TbMnO$_3$ and Eu$_{3/4}$Y$_{1/4}$MnO$_3$ [J]. Physical Review Letters, 2011, 106: 047203.

[123] An X X, Deng J X, Chen J, Xing X R. Facile and Rapid Synthesis of Multiferroic TbMnO$_3$ Single Crystalline [J]. Materials Research Bulletin, 2013, 12: 4984-4988.

[124] Bychkov I V, Kuzmin D A, Lamekhov S J, Shavrov V G. Magnetoelectric Susceptibility Tensor of Multiferroic TbMnO$_3$ with Cycloidal Antiferromagnetic Structure in External Field [J]. Journal of Applied Physics, 2013, 113: 17C726.

[125] Hou Y S, Yang J H, Gong X G, Xiang H J. Prediction of a Multiferroic State with Large Electric Polarization in Tensile-strained TbMnO$_3$ [J]. Physical Review B, 2013, 88: 060406.

[126] Walker H C, Fabrizi F, Paolasini L, Bergevin F, Herrero-Martin J, Boothroyd A T, Prabhakaran D, McMor-row D F. Femtoscale Magnetically Induced Lattice Distortions in Multiferroic TbMnO$_3$ [J]. Science, 2011, 333: 1273-1276.

[127] Elizabeth S, Nair H. Influence of Growth Ambience and Doping on the Structural Properties of Multiferroic DyMnO$_3$ [J]. Journal of Crystal Growth, 2013, 362: 24-28.

[128] Zhang N, Dong S, Liu J M. Ferroelectricity Generated by Spin-orbit and Spin-lattice Couplings in Multiferroic DyMnO$_3$ [J]. Frontiers of Physics, 2012, 7 (4): 408-417.

[129] Lu C L, Dong S, Xia Z C, Luo H, Yan Z B, Wang H W, Tian Z M, Yuan S L, Wu T, Liu J M. Polarization Enhancement and Ferroelectric Switching Enabled by Interacting Magnetic Structures in

DyMnO$_3$ Thin Films [J]. Scientific Reports, 2013, 3: 3374.

[130] Xiang H J, Wang P S, Whangbo M H, Gong X G. Unified Model of Ferroelectricity Induced by Spin Order [J]. Physical Review B, 2013, 88: 054404.

[131] Xiang H J, Kan E J, Zhang Y, Whangbo M H, Gong X G. General Theory for the Ferroelectric Polarization Induced by Spin-Spiral Order [J]. Physical Review Letter, 2011, 107: 157202.

[132] Zhang N, Dong S, Zhang G Q, Lin L, Guo Y Y, Liu J M, Ren Z F. Multiferroic Phase Diagram of Y Partially Substituted Dy$_{1-x}$Y$_x$MnO$_3$ [J]. Applied Physics Letters, 2011, 98: 012510.

[133] Lee N, Choi Y J, Ramazanoglu M, Ratcliff W, Kiryukhin V, Cheong S W. Mechanism of Exchange Striction of Ferroelectricity in Multiferroic Orthorhombic HoMnO$_3$ Single Crystals [J]. Physical Review B, 2011, 84: 020101.

[134] Subramanian S S, Yamauchi K, Ozaki T, Oguchi T, Natesan B. Influence of Lone Pair Doping on the Multiferroic Property of Orthorhombic HoMnO$_3$: ab Initio Prediction [J]. Journal of Physics: Condensed Matter, 2013, 25: 385901.

[135] Uusi-Eskoa K, Malmb J, Imamuraa N, Yamauchia H, Karppinena M. Characterization of RMnO$_3$ (R=Sc, Y, Dy, Lu): High-pressure Synthesized Metastable Perovskites and Their Hexagonal Precursor Phases [J]. Materials Chemistry and Physics, 2008, 112: 1029-1034.

[136] Tomuta D G, Ramakrishnan S, Nieuwenhuys G J, Mydosh J A. The Magnetic Susceptibility, Specific Heat and Dielectric Constant of Hexagonal YMnO$_3$, LuMnO$_3$ and ScMnO$_3$ [J]. Journal of Physics: Condensed Matter, 2001, 13: 4543-4552.

[137] Tomczyk M, Senos A M, Vilarinho P M, Reaney I M. Origin of Microcracking in YMnO$_3$ Ceramics. Scripta Materialia, 2012, 66: 288-291.

[138] Lin M C, Chen Y S, Han T C, Lin J G, Chen C H. Origin of R-Dependent Dielectric Anomalies in RMnO$_3$ with R=Y, Ho, Er, Tm, Yb and Lu [J]. Ferroelectrics, 2009, 380: 38-47.

[139] Sakano T I, Hanamura E, Tanabe Y. Second-harmonic-generation Spectra of the Hexagonal Manganites RMnO$_3$ [J]. Journal of Physics: Condensed Matter, 2001, 13: 3031-3055.

[140] Zhang Q H, Tan G T, Gu L, Yao Y, Jin C Q, Wang Y G, Duan X F, Yu R C. Direct Observation of Multiferroic Vortex Domains in h-YMnO$_3$ [J]. Scientific Reports, 2013, 3: 2741.

[141] Wadati H, Okamoto J, Garganourakis M, Scagnoli V, Staub U, Yamasaki Y, Nakao H, Murakami Y, Mochizuki M, Nakamura M, Kawasaki M, Tokura Y. Origin of the Large Polarization in Multiferroic YMnO$_3$ Thin Films Revealed by Soft and Hard X-ray Diffraction [J]. Physical Review Letters, 2012, 108: 047203.

[142] Solovyev I V, Valentyuk M V, Mazurenko V V. Magnetic Structure of Hexagonal YMnO$_3$ and LuMnO$_3$ from a Microscopic Point of View [J]. Physical Review B, 2012, 86: 054407.

[143] Howard C J, Campbell B J, Stokes H T, Carpenter M A, Thomson R I. Crystal and Magnetic Structures of Hexagonal YMnO$_3$ [J]. Acta Crystallographica Section B, 2013, 69: 534-540.

[144] Wang Y T, Luo C W, Kobayashi T. Understanding Multiferroic Hexagonal Manganites by Static and

Ultrafast Optical Spectroscopy [J]. Advances in Condensed Matter Physics, 2013, 2013: 104806.

[145] Liu J, Toulouse C, Rovillain P, Cazayous M, Gallais Y, Measson M A, Lee N, Cheong S W, Sacuto A. Lattice and Spin Excitations in Multiferroic h-YbMnO$_3$ [J]. Physical Review B, 2012, 86: 184410.

[146] Liu P, Cheng Z X, Wang X L, Du Y, Yu Z W, Dou S X, Zhao H Y, Ozawa K, Kimura H. Iron Doped Hexagonal ErMnO$_3$: Structural, Magnetic, and Dielectric Properties [J]. Journal of Nanoscience and Nanotechnology, 2012, 12: 1238-1241.

[147] Rai R, Coondoo I, Valente M A, Kholkin A L. Study of Strontium Doping on the Structural and Magnetic Properties of YMnO$_3$ Ceramics [J]. Advanced Materials Letters, 2013, 4: 354-358.

[148] Marshall L G, Cheng J G, Zhou J S, Goodenough J B, Yan J Q, Mandrus D G. Magnetic Coupling between Sm^{3+} and the Canted Spin in an Antiferromagnetic SmFeO$_3$ Single Crystal [J]. Physical Review B, 2012, 86: 064417.

[149] Nikolov O, Hall I, Barilo S N, Gnretskii S A, Mossbauer A. Study of Temperature-driven Spin-reorientation Transitions in TbFeO$_3$ [J]. Journal of Physics: Condensed Matter, 1994, 6: 3793-3799.

[150] Prelorendjo L A, Johnson C E, Thomas M F, Wanklyn B M. Spin Reorientation Transitions in DyFeO$_3$ Induced by Magnetic Fields [J]. Journal of Physics C: Solid State Physics, 1980, 13: 2567-2578.

[151] Georgiev D G, Krezhov K A, Nietz V V. Weak Antiferromagnetism in YFeO$_3$ and HoFeO$_3$ [J]. Solid State Communications, 1995, 96: 535-537.

[152] Parida S C, Rakshit S K, Singh Z. Heat Capacities, Order-disorder Transitions, and Thermodynamic Properties of Rare Earth Orthoferrites and Rare Earth Iron Garnets [J]. Journal of Solid State Chemistry, 2008, 181: 101-121.

[153] White R L. Review of Recent Work on the Magnetic and Spectroscopic Properties of the Rare-Earth Orthoferrites [J]. Journal of Applied Physics, 1969, 40: 1061-1065.

[154] Treves D. Studies on Orthoferrites at the Weizmann Institute of Science [J]. Journal of Applied Physics, 1965, 36: 1033-1039.

[155] Treves D. Magnetic Studies of Some Orthoferrites [J]. Physical Review, 1962, 125: 1843-1853.

[156] Kimizuka N, Yamamoto A, Ohashi H, Sugiharat T, Sekines T. The Stability of the Phases in the Ln$_2$O$_3$-FeO-Fe$_2$O$_3$ Systems Which Are Stable at Elevated Temperatures (Ln: Lanthanide Elements and Y) [J]. Journal of Solid State Chemistry, 1983, 49: 65-76.

[157] Iida S, Ohbayashi K, Kagoshima S. Magnetism of Rare Earth Orthoferrites as Revealed from Critical Phenomena Observation [J]. Journal de Physique Colloques, 1971, 32: C1-654-C1-656.

[158] Yuan X P, Tang Y K, Sun Y, Xu M X. Structure and Magnetic Properties of Y$_{1-x}$Lu$_x$FeO$_3$ ($0 \leqslant x \leqslant 1$) Ceramics [J]. Journal of Applied Physics, 2012, 111: 053911.

[159] Brown S R, Hall I. Mossbauer Study of Field-driven Spin Reorientations in YbFeO$_3$ at 4.2K [J]. Journal of Physics: Condensed Matter, 1993, 5: 4207-4214.

参考文献

[160] Muralidharan R, Jang T H, Yang C H, Jeong Y H, Koo T Y. Magnetic Control of Spin Reorientation and Magnetodielectric Effect below the Spin Compensation Temperature in $TmFeO_3$ [J]. Applied Physics Letters, 2007, 90: 012506.

[161] Kimel A V, Kirilyuk A, Tsvetkov A, Pisarev R V, Rasing T. Laser-induced Ultrafast Spin Reorientation in the Antiferromagnet $TmFeO_3$ [J]. Nature, 2004, 429: 850-853.

[162] Zhao H Q, Peng X, Zhang L X, Chen J, Yan W S, Xing X R. Large Remanent Polarization in Multiferroic $NdFeO_3$-$PbTiO_3$ Thin Film [J]. Applied Physics Letters, 2013, 103: 082904.

[163] Peng X, Kang H J, Liu L J, Hu C Z, Fang L, Chen J, Xing X R. Multiferroic Properties and Enhanced Magnetoelectric Coupling in $(1-x)$ $PbTiO_{3-x}NdFeO_3$ [J]. Solid State Sciences, 2013, 15: 91-94.

[164] 覃莹, 陈湘明. $RFeO_3$ 多铁性材料新体系 [J]. 物理学进展, 2013, 33: 353-358.

[165] 刘明, 曹世勋, 袁淑娟, 等. Pr 掺杂 $DyFeO_3$ 体系的自旋重取向相变、晶格畸变与 Raman 光谱研究 [J]. 物理学报, 2013, 62: 147601.

[166] 谢慧, 袁淑娟, 康保娟, 等. $Ho_{0.5}Pr_{0.5}FeO_3$ 的磁性与巨磁介电效应 [J]. 无机材料学报, 2014, 29: 77-80.

[167] Saha R, Sundaresan A, Rao C N R. Novel Features of Multiferroic and Magnetoelectric Ferrites and Chromites Exhibiting Magnetically Driven Ferroelectricity [J]. Materials Horizons, 2014, 1: 20-31.

[168] Prasad B V, Rao G N, Chen J W. Colossal Dielectric Constant in $PrFeO_3$ Semiconductor Ceramics [J]. Solid State Sciences, 2012, 14 (2): 225-228.

[169] Rajeswaran B, Sanyal D, Chakrabarti M, Sundarayya Y, Sundaresan A, Rao C N R. Interplay of 4f-3d Magnetism and Ferroelectricity in $DyFeO_3$ [J]. Europhysics Letters, 2013, 101: 17001.

[170] Shao M J, Cao S X, Wang Y B, Yuan S J, Kang B J, Zhang J C, Wu A H, Xu J. Single Crystal Growth, Magnetic Properties and Schottky Anomaly of $HoFeO_3$ Orthoferrite [J]. Journal of Crystal Growth, 2011, 318 (1): 947-950.

[171] Acharya S, Mondal J, Ghosh S, Roy S K, Chakrabarti P K. Multiferroic Behavior of Lanthanum Orthoferrite ($LaFeO_3$) [J]. Materials Letters, 2010, 64: 415-418.

[172] Lee J H, Jeong Y K, Park J H, Oak M A, Jang H M, Son J Y, Scott J F. Spin-canting-induced Improper Ferroelectricity and Spontaneous Magnetization Reversal in $SmFeO_3$ [J]. Physical Review Letters, 2011, 107: 117201.

[173] Shang M Y, Zhang C Y, Zhang T S, Yuan L, Ge L, Yuan H M, Feng S H. The Multiferroic Perovskite $YFeO_3$ [J]. Applied Physics Letters, 2013, 102: 062903.

[174] Tokunaga Y, Taguchi Y, Arima T, Tokura Y. Magnetic Biasing of a Ferroelectric Hysteresis Loop in a Multiferroic Orthoferrite [J]. Physical Review Letters, 2014, 112: 037203.

[175] Mandal P, Bhadram V S, Sundarayya Y, Narayana C, Sundaresan A, Rao C N R. Spin-reorientation, Ferroelectric and Magnetodielectric Effect in $YFe_{1-x}Mn_xO_3$ ($0.1 \leqslant x \leqslant 0.4$)[J]. Physical Re-

view Letters, 2011, 107: 137202.

[176] Ranieri M G A, Cilense M, Aguiar E C, Simões A Z, Ponce M A, Longo E. La$_{0.5}$Sm$_{0.5}$FeO$_3$: a new candidate for magneto-electric coupling at room temperature. J Mater Sci: Mater Electron, 2017, 28: 10747-10757.

[177] Rao C N R. Charge, Spin, and Orbital Ordering in the Perovskite Manganates, Ln$_{1-x}$A$_x$MnO$_3$ (Ln=Rare Earth, A=Ca or Sr) [J]. Journal of Physical Chemistry B, 2000, 104: 5877-5889.

[178] Rao C N R, Cheetham A K, Mahesh R. Giant Magnetoresistance and Related Properties of Rare-Earth Manganates and Other Oxide Systems [J]. Chemistry of Materials, 1996, 8: 2421-2432.

[179] Coey L M D, Viret M, Molnár S. Mixed-valence Manganites [J]. Advances in Physics, 1999, 48: 167-293.

[180] Shannon R D. Revised Effective Ionic Radii and Systematic Studies of Interatomic Distances in Halides and Chalcogenides [J]. Acta Crystallographica Section A, 1976, 32: 751-767.

[181] Arulraj A, Gundakaram R, Biswas A, Gayathri N, Raychaudhuri A K, Rao C N R. The Nature of the Charge-ordered State in Y$_{0.5}$Ca$_{0.5}$MnO$_3$ with a very Small Average Radius of the A-site Cations [J]. Journal of Physics: Condensed Matter, 1998, 10: 4447-4456.

[182] Jirak Z, Hejtmanek J, Knižek K, Krupička S, Maryško M. Effect of Cr Doping in Charge Ordered Y$_{1-x}$Ca$_x$MnO$_3$ ($x \sim 0.5$) [J]. Journal of Magnetism and Magnetic Materials, 2004, 272-276: E1029-E1030.

[183] Mulders A M, Bartkowiak M, Hester J R, Pomjakushina E, Conder K. Ferroelectric Charge Order Stabilized by Antiferromagnetism in Multiferroic LuFe$_2$O$_4$ [J]. Physical Review B, 2011, 84: 140403.

[184] Wang S P, Zhang J C, Cao G X, Jing C, Cao S X. Distinguishable Reentrant Spin-glass Behavior Induced by the Frustration of Exchange Interaction in Phase-separated Sm$_{0.5}$(Ca, Sr)$_{0.5}$MnO$_3$ Systems [J]. Physical Review B, 2007, 76: 054415.

[185] Serrao C R, Sahu J R, Ghosh A. Charge-order Driven Multiferroic and Magneto-dielectric Properties of Rare Earth Manganates [J]. Bulletin of Materials Science, 2010, 33: 169-178.

[186] Sahu J R, Serrao C R, Ghosh A, Sundaresan A, Rao C N R. Charge-order-driven Multiferroic Properties of Y$_{1-x}$Ca$_x$MnO$_3$ [J]. Solid State Communications, 2009, 149: 49-51.

[187] Serrao C R, Sundaresan A, Rao C N R. Multiferroic Nature of Charge-ordered Rare Earth Manganites [J]. Journal of Physics: Condensed Matter, 2007, 19: 496217.

[188] Brink J V D, Khomskii D I. Multiferroicity due to Charge Ordering [J]. Journal of Physics: Condensed Matter, 2008, 20: 434217.

[189] Nakamura M, Tokunaga Y, Kawasaki M, Tokura Y. Multiferroicity in an Orthorhombic Single-crystal Film [J]. Applied Physic Letters, 2011, 98: 082902.

[190] Moure C, Villegas M, Fernandez J F, Tartaj J, Duran P. Phase Transition and Electrical Conductivity

参考文献

in the System $YMnO_3$-$CaMnO_3$ [J]. Journal of Materials Science, 1999, 34: 2565-2568.

[191] Wang Y W, Lu X Y, Chen Y, Chi F L, Feng S H, Liu X Y. Hydrothermal Synthesis of Two Perovskite Rare-earth Manganites, $HoMnO_3$ and $DyMnO_3$ [J]. Journal of Solid State Chemistry, 2005, 178: 1317-1320.

[192] Guo L, Huang K K, Chen Y, Li G H, Yuan L, Peng W, Yuan H M, Feng S H. Mild Hydrothermal Synthesis and Ferrimagnetism of $Pr_3Fe_5O_{12}$ and $Nd_3Fe_5O_{12}$ Garnets [J]. Journal of Solid State Chemistry, 2011, 184: 1048-1053.

[193] Chatterjee S, Nigam A K. Spin-glass-like Behavior in $Y_{1-x}Sr_xMnO_3$ ($x=0.5$ and 0.6) [J]. Physical Review B, 2002, 66: 104403.

[194] Mathieu R, Nordblad P, Nam D N H, Phuc N X, Khiem N V. Short-range Ferromagnetism and Spin-glass State in $Y_{0.7}Ca_{0.3}MnO_3$ [J]. Physical Review B, 2001, 63: 174405.

[195] Imamura N, Karppinen M, Motohashi T, Yamauchi H. Magnetic and Magnetotransport Properties of the Orthorhombic Perovskite (Lu, Ca) MnO_3 [J]. Physical Review B, 2008, 77: 024422.

[196] Martí X, Skumryev V, Laukhin V, Sánchez F, García-Cuenca M V, Ferrater C, Varela M, Fontcuberta J. Dielectric Anomaly and Magnetic Response of Epitaxial Orthorhombic $YMnO_3$ Thin Films [J]. Journal of Material Research, 2007, 22: 2096-2101.

[197] Li H Q, He X X, Chen Z B. The Current-induced Effect on the Resistance and Internal Friction and Modulus in the Charge-ordered State $Y_{0.5}Ca_{0.5}MnO_3$ [J]. Physics Letters A, 2006, 354: 477-481.

[198] Tian H W, Zheng W T, Zheng B, Wang X, Wen Q B, Ding T, Zhao Z D. Dynamic Isomer Shift in Charge-Ordering Manganite $Y_{0.5}Ca_{0.5}MnO_3$: Mössbauer Spectroscopy Study [J]. Journal of Physical Chemistry B, 2005, 109: 1656-1659.

[199] Raju K, Sivakumar K V, Venugopal Reddy P. Structural, Electrical, Magnetic, Elastic and Internal Friction Studies of $Nd_{1-x}Ca_xMnO_3$ ($x=0.2$, 0.33, 0.4, and 0.5) Manganites [J]. Journal of Physics and Chemistry of Solids, 2012, 73: 430-438.

[200] Curiale J, Ramos C A, Levy P, Sanchez R D, Rivadulla F. Characterization of the Charge Order to Ferromagnetic Crossover Behavior in $(La_yPr_{1-y})_{0.5}Ca_{0.5}MnO_3$ [J]. Physica B: Condensed Matter, 2004, 354: 47-50.

[201] Tomioka Y, Okuda T, Okimoto Y, Asamitsu A, Kuwahara H, Tokura Y. Charge/orbital Ordering in Perovs-kite Manganites [J]. Journal of Alloys and Compounds, 2001, 326: 27-35.

[202] Huber D L, Alejandro G, Caneiro A, Causa M T, Prado F, Tovar M, Oseroff S B. EPR Linewidths in $La_{1-x}Ca_xMnO_3$: $0 \leqslant x \leqslant 1$ [J]. Physical Review B, 1999, 17: 12155-12161.

[203] Yoshii K, Abe H, Ikeda N. Structure, Magnetism and Transport of the Perovskite Manganites $Ln_{0.5}Ca_{0.5}MnO_3$ (Ln=Ho, Er, Tm, Yb and Lu) [J]. Journal of Solid State Chemistry, 2005, 178: 3615-3623.

[204] Mollah S, Huang H L, Yang H D, Pal S, Taran S, Chaudhuri B K. Non-adiabatic Small-polaron

Hopping Conduction in $Pr_{0.65}Ca_{0.35-x}Sr_xMnO_3$ Perovskites above the Metal-insulator Transition Temperature [J]. Journal of Magnetism and Magnetic Materials, 2004, 284: 383-394.

[205] Mott N F. Conduction in Non-crystalline Materials III. Localized States in a Pseudo Gap and near Extremities of Conduction and Valence Bands [J]. Philosophical Magazine, 1969, 19: 835-852.

[206] Efros A L, Shklovskii B L. Coulomb Gap and Low Temperature Conductivity of Disordered Systems [J]. Journal of Physics C: Solid State Physics, 1975, 8: L49-L51.

[207] Tsymbal L T, Bazaliy Y B, Derkachenko V N, Kamenev V I, Kakazei G N, Palomares F J, Wigen P E. Magnetic and Structural Properties of Spin-reorientation Transitions in Orthoferrites [J]. Journal of Applied Physics, 2007, 101: 123919.

[208] Iida R, Satoh T, Shimura T, Kuroda K, Ivanov B A, Tokunaga Y, Tokura Y. Spectral Dependence of Photoinduced Spin Precession in $DyFeO_3$ [J]. Physical Review B, 2011, 84: 064402.

[209] Ju L L, Chen Z Y, Fang L, Dong W, Zheng F G, Shen M R. Sol-Gel Synthesis and Photo-Fenton-Like Catalytic Activity of $EuFeO_3$ Nanoparticles [J]. Journal of the American Ceramic Society, 2011, 94: 3418-3424.

[210] Li X, Tang C J, Ai M, Dong L, Xu Z. Controllable Synthesis of Pure-phase Rare-earth Orthoferrites Hollow Spheres with a Porous Shell and Their Catalytic Performance for the $CO+NO$ Reaction [J]. Chemistry of Materials, 2010, 22: 4879-4889.

[211] Tac D V, Mittova V O, Mittova I Y. Influence of Lanthanum Content and Annealing Temperature on the Size and Magnetic Properties of Sol-gel Derived $Y_{1-x}La_xFeO_3$ Nanocrystals [J]. Inorganic Materials, 2011, 47: 521-526.

[212] Steele B C H, Heinzel A. Materials for Fuel-cell Technologies [J]. Nature, 2001, 414: 345-352.

[213] Ge X T, Liu Y F, Liu X Q. Preparation and Gas-sensitive Properties of $LaFe_{1-y}Co_yO_3$ Semiconducting Materials [J]. Sensors and Actuators B, 2001, 79: 171-174.

[214] Singh N, Rhee J Y, Auluck S. Electronic and Magneto-Optical Properties of Rare-earth Orthoferrites $RFeO_3$ (R=Y, Sm, Eu, Gd and Lu) [J]. Journal of the Korean Physical Society, 2008, 53: 806-811.

[215] Hosoya Y, Itagaki Y, Aono H, Sadaoka Y. Ozone Detection in Air Using $SmFeO_3$ Gas Sensor [J]. Sensors and Actuators B: Chemical, 2005, 108: 198-201.

[216] Yutaka N, Hideaki A, Mitsuo S, Soichiro O, Tadashi S, Eiichi H, Hiroshi S. Angular Dependence of Spin-Valves Using Antiferromagnetic Epitaxial $YFeO_3$ [J]. Journal of the Magnetics Society of Japan, 2000, 24: 559-562.

[217] Tokunaga Y, Taguchi Y, Arima T, Tokura Y. Electric-field-induced Generation and Reversal of Ferromagnetic Moment in Ferrites [J]. Nature Physics, 2012, 8: 838-844.

[218] Zhao Z Y, Wang X M, Fan C, Tao W, Liu X G, Ke W P, Zhang F B, Zhao X, Sun X F. Magnetic Phase Transitions and Magnetoelectric Coupling of $GdFeO_3$ Single Crystals Probed by Low-temperature

Heat Transport [J]. Physical Review B, 2011, 83: 014414.

[219] Hong F, Cheng Z X, Zhao H Y, Kimura H, Wang X L. Continuously Tunable Magnetic Phase Transitions in the $DyMn_{1-x}Fe_xO_3$ System [J]. Applied Physics Letters, 2011, 99: 092502.

[220] Hong F, Cheng Z X, Zhang S J, Wang X L. Dielectric Relaxation in the $DyMn_{1-x}Fe_xO_3$ System [J]. Journal of Applied Physics, 2012, 111: 034104.

[221] Jaiswal A, Das R, Maity T, Poddar P. Dielectric and Spin Relaxation Behaviour in $DyFeO_3$ Nanocrystals [J]. Journal of Applied Physics, 2011, 110: 124301.

[222] Jin J L, Zhang X Q, Li G K, Cheng Z H. Influence of the Jahn-Teller Distortion on Magnetic Ordering in $TbMn_{1-x}Fe_xO_3$ [J]. Chinese Physics B, 2012, 21: 107501.

[223] Du Y, Cheng Z X, Wang X L, Dou S X. Lanthanum Doped Multiferroic $DyFeO_3$: Structural and Magnetic Properties [J]. Journal of Applied Physics, 2010, 107: 09D908.

[224] Siemons M, Simon U. High Throughput Screening of the Propylene and Ethanol Sensing Properties of Rare-earth Orthoferrites and Orthochromites [J]. Sensors and Actuators B: Chemical, 2007, 126: 181-186.

[225] Xu H, Hu X L, Zhang L Z. Generalized Low-temperature Synthesis of Nanocrystalline Rare-earth Orthoferrites $LnFeO_3$ (Ln=La, Pr, Nd, Sm, Eu, Gd) [J]. Crystal Growth & Design, 2008, 8: 2061-2065.

[226] Zheng W J, Liu R H, Peng D K, Meng G Y. Hydrothermal Synthesis of $LaFeO_3$ under Carbonate-containing Medium [J]. Materials Letters, 2000, 43: 19-22.

[227] O'Keefe M, Hyde B G. Some Structures Topologically Related to Cubic Perovskite (E21), ReO_3 (D09) and Cu_3Au (L12) [J]. Acta Crystallographica Section B Structural Crystallography and Crystal Chemistry, 1977, 33: 3802-3813.

[228] Zheng W J, Pang W Q, Meng G Y, Peng D K. Hydrothermal Synthesis and Characterization of $LaCrO_3$ [J]. Journal of Materials Chemistry, 1999, 9: 2833-2836.

[229] Chaudhury R P, Lorenz B, Chu C W, Bazaliy Y B, Tsymbal L T. Lattice Strain and Heat Capacity Anomalies at the Spin Reorientation Transitions of $ErFeO_3$ Orthoferrite [J]. Journal of Physics: Conference Series, 2009, 150: 042014.

[230] Shen H, Xu J Y, Wu A H, Zhao J T, Shi M L. Magnetic and Thermal Properties of Perovskite $YFeO_3$ Single Crystals [J]. Materials Science and Engineering B, 2009, 157: 77-80.

[231] Bouziane K, Yousif A, Abdel-Latif I A, Hricovini K, Richter C. Electronic and Magnetic Properties of $SmFe_{1-x}Mn_xO_3$ Orthoferrites ($x=0.1, 0.2$ and 0.3) [J]. Journal of Applied Physics, 2005, 97: 10A504.

[232] Nagata Y, Yashiro S, Mitsuhashi T, Koriyama A, Kawashima Y, Samata H. Magnetic Properties of $RFe_{1-x}Mn_xO_3$ (R=Pr, Gd, Dy) [J]. Journal of Magnetism and Magnetic Materials, 2001, 237: 250-260.

[233] Bertaut E F. In Magnetism III [M]. New York: Academic Press Inc, 1963.

[234] Guo G H, Zhang H B. Magnetocrystalline Anisotropy and Spin Reorientation Transition of $HoMn_6Sn_6$ Compound [J]. Journal of Alloys and Compounds, 2007, 429: 46-49.

[235] Bombik A, Böhm H, Kusz J, Pacyna A W. Spontaneous Magnetostriction and Thermal Expansibility of $TmFeO_3$ and $LuFeO_3$ Rare Earth Orthoferrites [J]. Journal of Magnetism and Magnetic Materials, 2001, 234: 443-453.

[236] Durbin G W, Johnson C E, Prelorendjo L A, Thomas M F. Spin Reorientation in Rare Earth Orthoferrites [J]. Journal de Physique Colloques, 1976, 37: C6-621-C6-624.

[237] Zou Y H, Li W L, Wang S L, Zhu H W, Li P G, Tang W H. Spin Dependent Electrical Abnormal in $TbFeO_3$ [J]. Journal of Alloys and Compounds, 2012, 519: 82-84.

[238] Minh N V, Thang D V. Dopant Effects on the Structural, Optical and Electromagnetic Properties in Multiferroic $Bi_{1-x}Y_xFeO_3$ Ceramics [J]. Journal of Alloys and Compounds, 2010, 505: 619-622.

[239] Balykina E A, Gan'shina E A, Krinchik G S. Magnetooptic Properties of Rare-earth Orthoferrites in the Region of Spin Reorientation Transitions [J]. Zh Eksp Teor Fiz, 1987, 93: 1879-1887.

[240] Davidson G R, Dunlap B D, Eibschütz M, Van Uitert L G. Mössbauer Study of Yb Spin Reorientation and Low-temperature Magnetic Configuration in $YbFeO_3$ [J]. Physical Review B, 1975, 12: 1681-1688.

[241] Yuan S J, Chang F F, Cao Y M, Wang X Y, Kang B J, Zhang J C, Cao S X. Cluster-glass Behavior Correlated with Spin Reorientation in $Yb_{1-x}Pr_xFeO_3$ [J]. Applied Physics A, 2012, 109: 757-762.

[242] Jeong Y K, Lee J H, Ahn S J, Jang H M. Temperature-induced Magnetization Reversal and Ultra-fast Magnetic Switch at Low Field in $SmFeO_3$ [J]. Solid State Communications, 2012, 152: 1112-1115.

[243] Buchel'nikov V D, Dan'shin N K, Tsymbal L T, Shavrov V G. Magnetoacoustics of Rare-earth Orthoferrites [J]. Physics-Uspekhi, 1996, 39: 547-572.

[244] Tsymbal L T, Bazaliy Y B, Kakazei G N, Vasiliev S V. Mechanisms of Magnetic and Temperature Hysteresis in $ErFeO_3$ and $TmFeO_3$ Single Crystals [J]. Journal of Applied Physics, 2010, 108: 083906.

[245] Shao M J, Cao S X, Wang Y B, Yuan S J, Kang B J, Zhang J C. Large Magnetocaloric Effect in $HoFeO_3$ Single Crystal [J]. Solid State Communications, 2012, 152: 947-950.

[246] Park B G, Kim S B, Lee H J, Jeong Y H, Park J H, Kim C S. Magnetic Properties of the Orthoferrites $TbFeO_3$ and $ErFeO_3$ [J]. Journal of the Korean Physical Society, 2008, 53: 758-762.

[247] Bujko S, Georgiev D, Krezhov K, Nietz V, Passage G. Induced Antiferromagnetism in $HoFeO_3$ [J]. Journal of Physics: Condensed Matter, 1995, 7: 8099-8107.

[248] Bouziane K, Yousif A, Abdel-Latif I A, Hricovini K, Richter C. Electronic and Magnetic Properties of $SmFe_{1-x}Mn_xO_3$ Orthoferrites ($x = 0.1, 0.2$ and 0.3) [J]. Journal of Applied Physics, 2005, 97: 10A504.

[249] Yuan S J, Wang Y B, Shao M J, Chang F F, Kang B J, Isikawa Y, Cao S X. Magnetic Properties of NdFeO$_3$ Single Crystal in the Spin Reorientation Region [J]. Journal of Applied Physics, 2011, 109: 07E141.

[250] Zhu L, Sakai N, Yanoh T, Yano S, Wada N, Takeuchi H, Kurokawa A, Ichiyanagi Y. Synthesis of Multifer-roic DyFeO$_3$ Nanoparticles and Study of Their Magnetic Properties [J]. Journal of Physics: Conference Series, 2012, 352: 012021.

[251] Yuan S J, Ren W, Hong F, Wang Y B, Zhang J C, Bellaiche L, Cao S X, Cao G. Spin Switching and Magnetization Reversal in Single-crystal NdFeO$_3$ [J]. Physical Review B, 2013, 87: 184405.

[252] Mandal P, Sundaresan A, Rao C N R, Iyo A, Shirage P M, Tanaka Y, Simon C, Pralong V, Lebedev O I, Caignaert V, Raveau B. Temperature-induced Magnetization Reversal in BiFe$_{0.5}$Mn$_{0.5}$O$_3$ Synthesized at High Pressure [J]. Physical Review B, 2010, 82: 100416.

[253] Stöhr J, Siegmann H C. Magnetism: from Fundamentals to Nanoscale Dynamics [M]. Berlin: Springer, 2006.

[254] Stanciu C D, Hansteen F, Kimel A V, Kirilyuk A, Tsukamoto A, Itoh A, Rasing T. All-Optical Magnetic Recording with Circularly Polarized Light [J]. Physical Review Letters, 2007, 99: 047601.

[255] Lorenz B. Hexagonal Manganites-(RMnO$_3$): Class (I) Multiferroics with Strong Coupling of Magnetism and Ferroelectricity [J]. ISRN Condensed Matter Physics, 2013, 2013: 1-43.

[256] Zaghrioui M, Greneche J M, Autret-Lambert C, Gervais M. Effect of Fe Substitution on Multiferroic Hexagonal YMnO$_3$ [J]. Journal of Magnetism and Magnetic Materials, 2011, 323: 509-514.

[257] Samal S L, Green W, Lofland S E, Ramanujachary K V, Das D, Ganguli A K. Study on the Solid Solution of YMn$_{1-x}$Fe$_x$O$_3$: Structural, Magnetic and Dielectric Properties [J]. Journal of Solid State Chemistry, 2008, 181: 61-66.

[258] Nugroho A A, Bellido N, Adem U, Nénert G, Simon C, Tjia M O, Mostovoy M, Palstra T T M. Enhancing the Magnetoelectric Coupling in YMnO$_3$ by Ga Doping [J]. Physical Review B, 2007, 75: 174435.

[259] Dixit A, Smith A E, Subramanian M A, Lawes G. Suppression of Multiferroic Order in Hexagonal YMn$_{1-x}$In$_x$O$_3$ Ceramics [J]. Solid State Communications, 2010, 150: 746-750.

[260] Park J, Kang M, Kim J, Lee S, Jang K H, Pirogov A, Park J G, Lee C, Park S H, Kim H C. Doping Effects of Multiferroic Manganites YMn$_{0.9}$X$_{0.1}$O$_3$ (X=Al, Ru and Zn) [J]. Physical Review B, 2009, 79: 064417.

[261] Zhang A M, Zhu W H, Wu X S, Qing B. Effect of Al Doping on the Microstructure Properties of YMn$_{1-x}$Al$_x$O$_3$ [J]. Journal of Crystal Growth, 2011, 318: 912-915.

[262] Lin J G, Chen Y S, Han T C. Correlation of Magnetic Ordering and Electric Polarization in Multiferroic LuMn$_{1-x}$Fe$_x$O$_3$ ($0 \leqslant x \leqslant 0.2$) [J]. Journal of Applied Physics, 2010, 107: 09D902.

[263] Liu P, Cheng Z X, Du Y, Wang X L. Effects of Cu and Fe Doping on Raman Spectra and on the Struc-

tural and Magnetic Properties of ErMnO$_3$ [J]. Journal of Applied Physics, 2011, 109: 07D710.

[264] Samal S L, Magdaleno T, Ramanujachary K V, Lofland S E, Ganguli A K. Enhancement of Magnetic Ordering Temperature in Iron Substituted Ytterbium Manganate YbMn$_{1-x}$Fe$_x$O$_3$ [J]. Journal of Solid State Chemistry, 2010, 183: 643-648.

[265] Pauling L. The Nature of the Chemical Bond. IV. The Energy of Single Bonds and the RelativeElectronegativity of Atoms [J]. Journal of the American Chemical Society, 1932, 54: 3570-3582.

[266] Munawar I, Curnoe S H. Theory of Magnetic Phases of Hexagonal Rare Earth Manganites [J]. Journal of Physics: Condensed Matter, 2006, 18: 9575-9584.